El puente donde habitan las mariposas

Nazareth Castellanos es licenciada en Física teórica y doctora en Neurociencia por la Universidad Autónoma de Madrid. Lleva más de veinte años dedicada a la investigación científica, y ha empleado la última década en estudiar el impacto de la respiración sobre la dinámica neuronal. Ha trabajado en universidades europeas como el King's College británico o el Instituto Max Planck alemán. Dirige un laboratorio que investiga la neurociencia de la meditación y la relación entre el cerebro y el resto del cuerpo. Compagina esta labor de investigación con la comunicación científica, y ha publicado los ensayos *El espejo del cerebro* (2021) y *Neurociencia del cuerpo* (2022).

NAZARETH CASTELLANOS

El puente donde habitan las mariposas

Biosofía de la respiración

Ilustraciones de
Carlos Baonza

DEBOLS!LLO

Papel certificado por el Forest Stewardship Council®

MIXTO
Papel | Apoyando la
silvicultura responsable
FSC
www.fsc.org
FSC® C117695

Penguin
Random House
Grupo Editorial

Primera edición en Debolsillo: junio de 2025

Printed in Spain – Impreso en España

ISBN: 978-84-663-8187-1
Depósito legal: B-9.928-2025

Impreso en Black Print CPI Ibérica
Sant Andreu de la Barca (Barcelona)

P 3 8 1 8 7 1

ÍNDICE

A mi tío Antonio Castellanos:
con tu caminar, nos enseñaste a vivir.
Gracias

Caminante, son tus huellas
el camino y nada más;
Caminante, no hay camino,
se hace camino al andar.
Al andar se hace el camino,
y al volver la vista atrás
se ve la senda que nunca
se ha de volver a pisar.
Caminante no hay camino
sino estelas en la mar.

ANTONIO MACHADO

INTROITO,

*o concepto que define el texto que antecede
a las obras teatrales del Siglo de Oro;
prólogo que explica el argumento de la obra
y pide indulgencia al público*

«Todos podemos ser escultores de nuestro propio cerebro, si nos lo proponemos», decía don Santiago Ramón y Cajal. ¡Si nos lo proponemos! Me llamo Nazareth Castellanos. Bueno, en realidad, me llamo Nazareth Perales Castellanos. Aunque tampoco es mi nombre completo. El día de mi bautizo el párroco protestó. No le parecía respetuoso que alguien se llamara como un pueblo, y mucho menos como el pueblo en el que había nacido Jesucristo. Mi madre, agobiada por las prisas de la celebración y cegada por la insignificancia de la discusión, sentenció muy a la ligera que me bautizaran como Pilar Nazareth. Ella se llama Pilar, aunque tampoco es su nombre completo. Así que, según la Iglesia católica y mi pasaporte español, me llamo Pilar Nazareth Perales Castellanos. Sin embargo, siempre fui Naza. Solo cuando mi madre se enfadaba me llamaba Nazareth, y cuando el enfado era superlativo además usaba el apellido paterno. Pero normalmente era Naza. Digo normalmente porque para algunos amigos he sido y sigo siendo Nazita. Para otros Nazoncia, o Nazichi, o doña Naza. También me llamaron Nazi, hasta que un compañero alemán señaló la inconveniencia. En un día cualquiera, cuando llegaba al laboratorio de la universidad, era simultáneamente Nazita, Naza, Nazareth o doctora Castellanos. La mirada de quien me llamaba Nazita no era la de aquel que me nombraba doctora. Así que cuando me preguntan cómo me llamo, no sé qué decir. La respuesta depende de quién pregunta. Soy todas ellas y ninguna.

Sin embargo, casi todo el mundo me conoce como Nazareth Castellanos desde 2002. Fue entonces cuando publiqué mi primer artículo científico, un modelo computacional de propagación de la actividad epiléptica. Mi director de investigación, Francisco de Borja, me preguntó: «¿Cómo quieres firmarlo?». Fue un momento memorable, de esos que se tatúan instantáneamente en el hipocampo —adelanto aquí que esta área del cerebro se ocupa, principalmente, del aprendizaje y la memoria—. Hasta ese momento nadie me había dado la opción de elegir. Recuerdo todavía la impresión que la pregunta, y, por lo tanto, el derecho a respuesta produjeron en mi cuerpo: ese empoderamiento que, sin darte cuenta, te hace alzar la barbilla, estirar el cuello, echar los hombros hacia atrás, adelantar el pecho. Abres los ojos y contienes la respiración: «¡¿Puedo elegir mi nombre?!», pregunté, retóricamente, asombrada, con la boca llena por la frase. Con cariño y humor, Paco me respondió: «Sí, puedes firmar como Lola Flores o lo que quieras». «Seré, pues, Nazareth Castellanos», le respondí.

Quería ser una Castellanos. No, esto no es del todo cierto. *Había decidido* ser una Castellanos. ¿Decidir o querer? *Decidir* significa cortar, dejar de lado, poner un fin o resolver algo, según su etimología latina. *Querer*, sin embargo, viene de buscar, de requerir, de pedir o suplicar. Al decidir, estamos dejando atrás alguna parte de nosotros. Al querer, buscamos rellenar el hueco con un nuevo ser. Renacemos, crecemos o aprendemos cuando *decidimos queriendo*.

Desde que nacemos, y mucho antes, la historia de la vida va esculpiendo nuestra biografía. Para algunos con más fortuna que para otros, pero nadie escapa al impacto de sus circunstancias. Imaginemos dos rocas. No, mejor dos diamantes. Imaginemos dos diamantes que lanzamos desde la cima de una montaña. Esa caída libre, sujeta a la fricción del terreno, les irá dando forma. Uno chocará con un pedrusco puntiagudo que abrirá una grieta en uno de sus lados. El otro puede que atraviese un charco fangoso que lo pringará impidiendo que brille. Si tiene suerte, se encontrará con un riachuelo que lo limpie. Solo si tiene suerte. Esa caída libre, a la deriva, los convertirá en cantos rodados. Ninguno de los diamantes ha tenido la ventura de la intención: no ha podido elegir por dónde bajaba la montaña. Su forma ha quedado en manos de un azaroso entorno. No han podido «decidir queriendo» llegar al valle con todo su brillo.

Todos hemos conocido a bastantes cantos rodados, personas que no han sabido o no han podido servirse de la intención para esculpirse, para buscar ese riachuelo que los limpie o para acercarse a un rosal e impregnarse de la delicia de su olor. Esos cantos rodados sufren. Y hacen sufrir. Las piedras no pueden «decidir queriendo», pero el ser humano sí.

Este es el aliento de este libro: buscar en la filosofía europea y en la neurociencia qué es «decidir queriendo», esa intención de cuidarnos para encontrar una mejor versión de nosotros mismos.

Cuando en 2002 mi director de investigación me dio la oportunidad de firmar aquel artículo como quisiera, elegí mi segundo apellido, Castellanos, en vez del primero, Perales. De pequeña, siendo muy niña, sufrí los bandazos de alguien herido. No entraré a valorar la responsabilidad de quienes dañan por las heridas que causan, porque, a día de hoy, no sé si todo el mundo tiene la capacidad de ser valiente para mirarse hacia dentro. Hay quien muere con los deberes sin hacer. El tiempo no coloca todo en su sitio. Lo colocan las intenciones y las decisiones que hayamos tomado. Elegí llamarme Castellanos para dejar atrás una parte de mí y para aceptar el legado de alguien, mi tío materno, que sí tuvo el coraje de esculpirse y de mostrarse como ejemplo. Valentía y generosidad debieran ir siempre de la mano. Ese alguien aprovechó cada una de las tormentas de su climatología biográfica para aprender y mejorarse.

«Y una vez que la tormenta termine, no recordarás cómo lo lograste, cómo sobreviviste. Ni siquiera estarás seguro de si la tormenta ha terminado realmente. Pero una cosa sí es segura. Cuando salgas de esa tormenta, no serás la misma persona que entró en ella. De eso trata esta tormenta».

Me encanta Murakami. Pero, con todo mi respeto, no estoy de acuerdo con esta cita. No del todo. No la considero completa. Le añadiría el aviso de don Santiago Ramón y Cajal. Esa nota final de quien reconoce el esfuerzo, la voluntad y la resiliencia. Ese «si nos lo proponemos» con el que acaba su famosa frase. La tormenta no asegura un cambio en la persona si aquel que la atraviesa no se lo propone. Cuando no nos acompaña la intención de aprender de la tormenta, esta solo nos habrá dejado heridos o asustados. Y no creo que de eso se traten las tormentas. Hay que atravesarlas con el coraje de aprender de ellas. Dejar que el trueno te asuste para ver qué quería traer. Además, al acabar el temporal, toca agradecer, reconocer nuestra valentía y nuestra capacidad de crecer, para recordar en el futuro cada uno de los truenos y en qué nos transformaron. Me puedo imaginar a don Santiago sentado en el café Gijón de Madrid, en esas charlas con los intelectuales de la época. Siempre al tanto de las tendencias no solo científicas, sino literarias, apostaría a que hoy habría leído a Murakami. Apostaría también a que cuando don Santiago tomaba un libro lo hacía siempre con un lápiz cerca. No solo para subrayar, sino para añadir sus reflexiones. Apostaría a que habría reescrito así, en un margen, ese párrafo de *Kafka en la orilla*:

> Y una vez que la tormenta termine, debes recordar cómo lo lograste, cómo creciste y agradecértelo. Ni siquiera estarás seguro de si la tormenta ha terminado realmente. Pero una cosa sí es segura. Cuando salgas de esa tormenta, no serás la misma persona que entró en ella, si así te lo has propuesto. De eso trata esta tormenta. De aprender. De esculpir el cerebro.

Todos hemos estado o vamos a estar bajo alguna tormenta a lo largo de la vida. En la jerga clínica o científica las tormentas se conocen como eventos potencialmente traumáticos. Según los investigadores en psicología Lawrence G. Calhoun y Ricard Tedeschi, de la Universidad de Carolina del Norte, existen tres tipos de crecimiento postraumático: en la relación con uno mismo, en las relaciones interpersonales y en la espiritualidad o filosofía de vida; y los tres se sustentan en la capacidad de resiliencia del ser humano. Es decir, en la capacidad para afrontar la adversidad, superarla y ser transformado de forma beneficiosa por ella. Experimentar y expresar la gratitud por nuestra resiliencia, curiosamente, la potencia.

Hace pocos años acudían a alguna forma de terapia solo aquellas personas que se sentían en el borde de un precipicio. Debían estar realmente mal para acudir a un psicólogo o psiquiatra, o para emprender el camino del crecimiento personal, teñido de espiritualidad o no, para sanarse, crecer como seres humanos o conocerse. La verdad es que quedaba bastante mal y te aseguraba alguna mirada reticente decir que acudías a terapia o que le dedicabas tiempo a la introspección. Era sinónimo de persona problemática. Y esto es curioso, porque todos llevamos una mochila cargada de problemas. El que tiene el coraje de buscar ayuda es, tan solo, el que quiere vaciarla. El desconocimiento de que nuestra psique se puede limpiar, cuidar o esculpir nos convertía en cantos rodados desterrados de esa patria de esperanza que es la intención. Se estima que el 8% de la población de Europa y América del Norte acude a alguna forma de terapia. Le damos la vuelta. Más de un 90% de las personas que nos rodean son cantos rodados cuya conducta queda a la suerte de la deriva o que se apoyan en quienes no están preparados para ayudar. Teniendo en cuenta que un 70% de la población mundial ha padecido algún suceso potencialmente traumático a lo largo de su vida, la probabilidad de ser o encontrarse con un canto rodado que sufre o hiere es tan alta que pasa a ser determinante. Todos vamos a sufrir por hábitos que se podrían haber evitado, si nos lo hubiéramos propuesto. Todos vamos a sufrir por los bandazos que otros podrían haber evitado si se lo hubieran propuesto.

De acuerdo con los trabajos del investigador George A. Bonanno, profesor de Psicología Clínica en la Universidad de Columbia, cuando esa resiliencia está operando, es fundamental tener referencias en las que fijarse. Bonanno se adelantó a las investigaciones más recientes al observar que aquellas personas que habían tenido referencias inspiradoras en su vida mostraban un mayor crecimiento postraumático.

Estas referencias pueden ser los padres, los abuelos, los tíos, algún profesor, una amiga, un personaje famoso o una deidad. Cualquiera que represente un faro. Reconocer nuestro impacto sobre los demás y el de los demás en nosotros nos invita a seleccionar a quién nos acercamos y de quién nos alejamos. Pero, en ciertas situaciones, como las tormentas, es de obligado cumplimiento revisar esa selección. Sin embargo, hay veces en que no hemos podido alejarnos de quien nos daña porque aún éramos niños, porque no veíamos la herida que se iba abriendo o porque la vida es más compleja de lo que parece. Hay quienes nos destruyen y hay quienes nos construyen. Los agravios o las caricias que transitan una relación no solo toman forma de palabra, gesto o acto.

También nos comunicamos con los demás a través de los hilos invisibles de la biología. Cuando prestamos atención a alguien, se establece una correspondencia entre la actividad de los cerebros y los corazones de esas personas, que tienden a sincronizarse. Y es en ese enlace visceral donde se produce un intercambio de información que solo ahora empezamos a conocer científicamente, pero que ya sabemos que modula la capacidad de aprendizaje del cerebro. Los mecanismos de ese cableado sutil que une nuestro cuerpo al del otro cuando le prestamos atención también construyen nuestra personalidad. Cuando le prestamos la atención a alguien no nos la devuelve intacta. ¡Cuidado!

«Aprender, y aprender de quienes saben», decía Kavafis. Pero esto requiere humildad. Una humildad que comienza por reconocer que somos una tierra sembrada de muy diversas semillas. Albergamos las de las malas hierbas, pero también las de las flores. Crecerá aquella que más reguemos.

Joan Mascaró fue un filólogo mallorquín que llegó a ser profesor en la Universidad de Cambridge y uno de los orientalistas y estudiosos de la mística comparada más reputados. Su origen humilde le habría impedido acceder a la educación que le convirtió en quien fue. Sin embargo, su encuentro con una de las familias más adineradas de la isla le dio la oportunidad de formarse en la prestigiosa universidad inglesa. Desde allí, y en sus viajes a Asia, buceó en el pensamiento más elevado, se inspiró en aquellos que convirtieron el amor en su guía y divulgó el saber de los que practican el pacifismo. Por cierto, y a modo de anécdota, Joan Mascaró fue quien acompañó a los Beatles en su viaje a India, convirtiéndose en un maestro para George Harrison.

Bueno, pues cuentan que en su despacho tenía dos fotografías: una era la del señor March —cuya ética ha quedado manchada por su incontenible avaricia—, el banquero que le financió los estudios como pago por la tutela de su hijo; la otra de Gandhi. Con ambas, Joan Mascaró se recordaba a sí mismo que el ser humano puede ser uno u otro. Si se nace o se hace, no lo sé. Pero tampoco me importa mucho ahora. Lo que siempre me ha intrigado es qué hacer con lo que ha nacido, con lo que nos ha ocurrido.

En 2015 comencé a estudiar la neurociencia de la meditación y la interacción entre el cerebro y el resto de los órganos del cuerpo. Después de más de una década analizando cómo la demencia y otros golpes a la psique destruyen el cerebro, decidí que era el momento de estudiar cómo podemos construirlo. Tras diez años de experimentos, artículos, libros y congresos, sigo sin saberlo, pero he ido compartiendo mis descubrimientos.

¿Cómo se llevan a la práctica del laboratorio, con qué experimentos, mis investigaciones? Midiendo los campos magnéticos del cerebro y, simultáneamente, los campos eléctricos del corazón, del estómago y del intestino, junto a la presión del aire que entra y sale por cada fosa nasal.

Para ello se reclutó a un grupo de personas agrupadas según su experiencia en la práctica de la meditación: algunos eran meditadores de larga trayectoria, meditar formaba parte de su vida diaria; otros nunca habían meditado. (Conocí a personas asombrosas en ambos grupos que hoy tengo el honor de llamar amigos). El objetivo del experimento era observar que la práctica de la meditación moldea la comunicación entre el cerebro y el cuerpo. Queríamos medir científicamente el impacto biológico que supone contemplarnos a nosotros mismos. Queríamos localizar en el cerebro las áreas que se transforman cuando ello ocurre y mostrar cómo la respuesta del cuerpo ante una emoción puede ser reeducada por la fuerza de la voluntad.

En lo más profundo de mí, confieso que con aquellos experimentos quería estudiar la neuroanatomía del aviso de don Santiago: «Si te lo propones». Buscaba la huella neuronal de la voluntad. Confieso también que este libro es una explicación de su famosa frase: «Todos podemos ser escultores de nuestro propio cerebro, si nos lo proponemos», cuyo objetivo es compartir lo que he investigado acerca de cómo se esculpe y de cómo esculpimos nuestro cerebro, si nos lo proponemos. Es un viaje por el paisaje neuronal que nos llevará a la plasticidad del cerebro, a los hábitos, a la respiración y al pensamiento. Nuestro vehículo, el filósofo Martin Heidegger.

El rey secreto de la filosofía

«El aliento del camino de campo solo habla mientras
existan hombres que, nacidos en su aire, puedan oírle».

MARTIN HEIDEGGER

En el año 2022 me invitaron a impartir una conferencia en
el Colegio de Arquitectos Técnicos de Madrid. Muy agradecida por la confianza, respondí que me sentía incómoda
hablando en un lugar que no alcanzaba a imaginar qué tenía
que ver con mi trabajo. Ante mi sorpresa, el organizador me
propuso una reunión previa para explicarme sus razones.
Un hombre elegante y erudito me habló por primera vez
en mi vida del impacto de la estética y de la arquitectura en
nuestra salud mental. Aquello me fascinó. Había estudiado
el impacto que el entorno personal tenía sobre nuestro cuerpo, pero había excluido el entorno urbano. Así que acepté
la conferencia. Fue allí cuando escuché a este hombre citar
un texto que se ha convertido en mi compañero de viaje
durante muchos meses: *Construir Habitar Pensar*, de Martin
Heidegger, un filósofo al que muchos estudiosos consideran
el pensador más destacado del siglo XX.

Nació en un pueblo de la Selva Negra alemana en 1889,
en una familia profundamente católica. Cuando tenía poco
menos de veinte años, el arzobispo de Friburgo le entregó
un texto de Franz Brentano, filósofo y psicólogo compatriota
suyo, sobre Aristóteles y provocó en él la curiosidad por la
filosofía. Sin embargo, años más tarde, entró como novicio
en la Compañía de Jesús, y desde entonces cabalgó un péndulo que oscilaba entre la teología y la filosofía, cuyo vaivén
estaba marcado por su débil salud. Al final ganó la filosofía, y
se convirtió en discípulo de Edmund Husserl, desarrollando
gran parte de su labor académica y teórica en la Universidad
de Friburgo.

Su obra, *Ser y tiempo*, publicada en 1927, es uno de los pilares de la filosofía universal. Aunque la escribió con las prisas de quien tiene que optar a una plaza universitaria, recoge sus reflexiones sobre el ser como aquello que convierte la esencia del hombre en existencia, lo que da sentido a nuestras decisiones. Heidegger sustituyó «vida humana» por «existencia», relegando la biología a un humilde sostén de la naturaleza.

El filósofo alemán es tan admirado como detestado. George Steiner lo definió como «el más grande de los pensadores y el más pequeño de los hombres». Se sabe que votó y se afilió al Partido Nazi y que aceptó el cargo de rector de la Universidad de Friburgo pocos meses después de la llegada de Hitler al poder. Aunque algunos historiadores han aportado datos que defienden su imagen, su figura sigue vinculándose a una de las épocas más sucias de la historia. La contradicción vivía en él. Se debatía entre lo que consideraba dos formas de pensamiento opuestas: la religión y la filosofía. Acató una ley antisemita de destitución de funcionarios, pero estaba locamente enamorado de la filósofa judía Hannah Arendt. Según cuenta su biografía, una de las frases que más influyó en su pensamiento es la sentencia aristotélica «el ser se dice de muchas maneras». Creo que él la comprendía bien.

En verano de 1951, la ciudad alemana de Darmstadt, al sur de Fráncfort, acogió un congreso que reuniría a gobernantes, inversores, arquitectos e ingenieros. El objetivo era establecer una planificación urbanística para reconstruir una Alemania devastada por la guerra. La tormenta bélica había dejado más de un millón y medio de toneladas de bombas esparcidas por las calles, algunas sin detonar, barriadas cubiertas de escombros, calzadas desdibujadas, canalizaciones obstruidas, y edificios que se mantenían en pie a la espera de que una simple brisa los derrumbara sin previo aviso. La cuestión central que allí se debatía era dónde realojar a los millones de personas que habían sido desplazadas de sus hogares. Para sorpresa de muchos, el 5 de agosto un filósofo, Martin Heidegger, daba una conferencia en el conocido como «Segundo Encuentro de Darmstadt». Se esperaba de él que hablase sobre la escasez de vivienda, la metafísica de la estética o la naturaleza del espacio. Pero no: Heidegger habló sobre el significado de *habitar*.

Fruto de esa conferencia es el libro *Construir Habitar Pensar, Bauen Wohnen Denken*, en alemán. Lo que se ha considerado como un ensayo filosófico sobre urbanismo, que lo es, para mí se convirtió en un ensayo sobre la plasticidad cerebral que me ayudaba a comprender lo que estudiaba en el laboratorio. Apenas iniciado el verano de 2024, tomé un vuelo desde Palma de Mallorca a Zúrich, y desde allí un tren a Friburgo. Quería saborear el lugar donde Heidegger había trabajado. *Sabor* y *saber* tienen la misma raíz.

El profesor Amador Vega, que realizó su tesis en la Universidad de Friburgo, me recomendó hospedarme en el hotel Oberkirch, una antigua taberna de 1738 convertida en hospedería y restaurante. Desde mi minúscula y sencilla habitación, escuchaba cada hora el tañido de las diecinueve campanas de la torre de la catedral; sonido que comenzaba a las seis de la mañana, por cierto. Las vistas a la plaza principal de Friburgo, Münstermarkt, eran tan evocadoras como románticas y, sin duda, invitaban al estudio de la filosofía de uno de sus habitantes más ilustres. Pero yo prefería zambullirme en el lugar donde Heidegger había desarrollado su pensamiento, la Facultad de Filosofía. Cada día subía su escalinata flanqueada por las estatuas de Homero y Aristóteles: poesía y filosofía dan la bienvenida al estudiante. Fue precisamente Heidegger quien ordenó durante su rectorado instalar dichas estatuas.

El profesor Vega me había recomendado que visitara el Instituto Ramon Llull, que conserva una de las más completas bibliotecas de mística mediterránea medieval. Llamé a la puerta y un germánico profesor me recibió apresurado ante una reunión inmediata. Esas prisas, o «la magia del compromiso», que diría Goethe, hicieron que pudiera estar a solas durante casi una hora en el que fue el despacho personal de Martin Heidegger.

Tiene razón, herr Goethe: «En el momento en que uno se compromete, también interviene la providencia. Ocurren entonces todo tipo de cosas positivas que de otro modo nunca se habrían producido. Una serie de acontecimientos derivan de esa decisión, poniendo a favor de uno incidentes fortuitos, encuentros y apoyo material que ningún hombre podría haber soñado con lograr». ¡En el momento en que uno se compromete! Una vez más: ¡si uno se lo propone!

Cada mañana acudía a la universidad y me sentaba en alguna mesa de sus austeros pasillos o en algún aula vacía. Es verdad que a pocos metros tenía la inmensa biblioteca universitaria, un mastodonte moderno, que me parecía espantoso. Enclaustrada en la Facultad de Teología, invertía un buen número de horas diarias en traducir el ensayo urbanístico de Heidegger a mi humilde ensayo neurocientífico. Pero no buscaba solo una descripción biológica de su filosofía: la curiosidad intelectual y sobre todo la necesidad personal me llevaban a rastrear cualquier gota de sabiduría que naciese de la alquimia de mezclar ciencia y filosofía. Buscaba una *biosofía*, sabiduría a partir de la biología. Necesitaba que mi ciencia me ayudase cuando más lo necesitaba. De no ser así, juré que la abandonaría.

En aquel momento —uno de los peores años de mi vida necesitaba saber qué significaba *decidir queriendo*. Me urgía saber qué parte de mí dejar atrás y cómo darle paso a un nuevo ser. De forma inesperada, Heidegger y su ensayo urbanístico se convirtieron en una guía.

Respetando el orden del texto heideggeriano, comencé por explorar qué significa *construir*.

Una de las preguntas que con más intensidad me hacía en aquella época era «¿cómo he llegado hasta aquí?»; fue gracias a ella que llegué al estudio de la herencia transgeneracional epigenética, un campo científico emergente que investiga cómo las experiencias que han vivido nuestros ancestros dejan una huella en nosotros. Y después me adentré en el impacto biológico de aquellos con los que compartimos la vida. Estos estudios me hicieron comprender que la construcción de un ser humano no solo depende de él: también somos construidos. La pregunta obvia, entonces, era «¿qué puedo hacer con aquello que ya está construido?». Respuesta: la plasticidad cerebral, que nos permite la reconstrucción y el aprendizaje.

La parte central del texto de Heidegger se centra en *habitar*. Dice el filósofo que es dejar libre nuestra esencia y que solo así se puede construir. Pero *¿cómo se aprende a habitar la vida*, señor Heidegger? Solo encontré una respuesta: en la experiencia consciente de la respiración. Al menos es lo que encontré en mis experimentos y en los artículos científicos, pero mucho antes lo había encontrado sentada en el cojín. Ahí encontré la calma, «aquella que asegura el auténtico crecimiento», dice Heidegger.

El texto acaba con sus reflexiones sobre qué significa *pensar*. Cualquiera que haya atravesado la tormenta ha escuchado los truenos incesantes de su pensamiento. Y así llegué a la exploración de las redes cerebrales que acompañan al pensamiento consciente y al involuntario diálogo interior, para acabar con una invitación al tono tierno y amable de nuestro lenguaje más íntimo, aquel que nos dirigimos a nosotros mismos. Construir, habitar y pensar fueron los tres pilares sobre los que dibujé mi particular «decidir queriendo» y que hoy, con humildad y cariño, comparto.

A un lado, el texto de Heidegger; al otro, mi ordenador con artículos científicos. La pregunta era la misma que se debatió en 1951: ¿cómo reconstruirse después de una guerra?

El Molinar, Palma de Mallorca,
verano de 2024

Neocorteza

Ganglios basales

Corteza prefrontal

Cerebelo

Amígdala   Hipocampo

Corteza cingulada anterior

Corteza cingulada posterior / precúneo

Ínsula

Regiones prefrontales

Corteza prefrontal medial

Estriado

Amígdala

VISTA MEDIAL

VISTA LATERAL

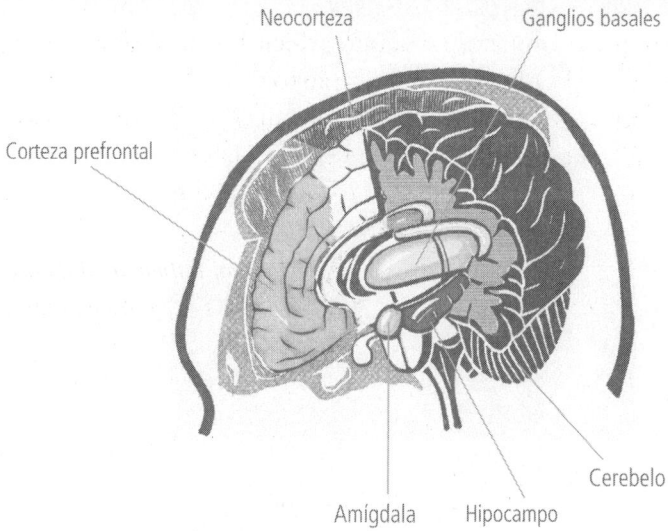

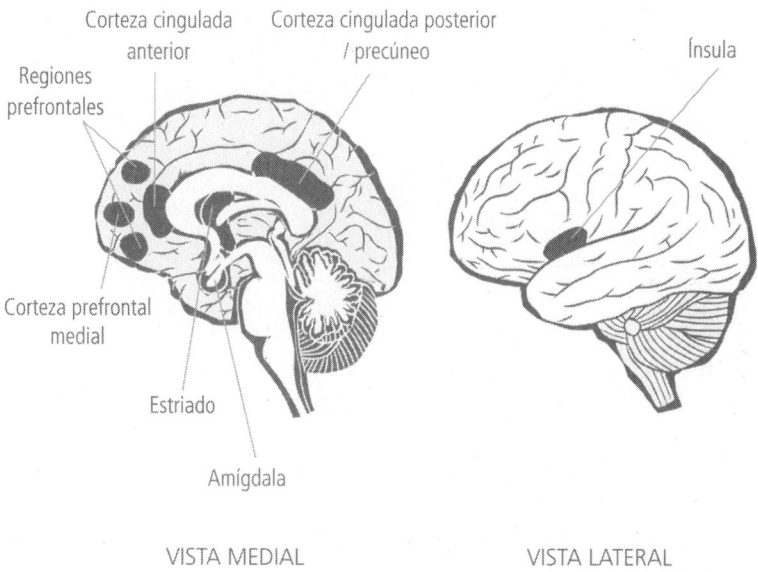

Regiones cerebrales.

I

BIOSOFÍA

> «Debemos insistir, por más evidente y claro que pueda parecer, en que el conocimiento aislado obtenido por especialistas en un campo limitado del saber carece en sí de todo valor. Su único valor posible radica en su integración con el resto del saber y en la medida en que nos ayuda a responder a la más acuciante de las preguntas: ¿Quién soy yo?».
>
> ERWIN SCHRÖDINGER

Antes de sumergirnos en el ensayo de Heidegger y en la neurobiología, me siento casi obligada a explicar mi forma de comprender el conocimiento, o, al menos, cómo intento desarrollarlo en mi vida profesional y personal, que yo no separo. Siempre he buscado en los estudios comprender algo sobre la mente humana. A decir verdad, no sé si es eso lo que busco. Es curioso andar buscando algo que no sabes ni lo que es, y cuando lo descubres, parece que lo hubieras tenido claro siempre. De esto tratan las búsquedas. Como investigadora, acumulaba títulos universitarios que dejaban en mí una sensación de vacío, hasta que una tormenta me enseñó que es posible estudiar de otra forma. Que el conocimiento, por muy técnico que sea, puede ser también una fuente de sabiduría. Y fue entonces cuando recomencé a estudiar la neurociencia desde la mirada de quien busca comprender más que aprender.

Un día, paseando por el barrio judío de Praga, vi un café de nombre Biosofía. Inmediatamente me detuve delante.

Era un local pequeño, decorado con estructuras de hierro pintado de verde, con un gran ventanal a través del que veía cuatro pequeñas mesas con manteles de ganchillo. Todo muy austero. Pero su nombre se convirtió en mi bandera. Nunca había escuchado ese término. Por la noche busqué en internet su significado, esperando encontrar todo un movimiento filosófico, cientos de libros que, por supuesto, iba a devorar, y un marco intelectual en el que encuadrar mi investigación. Pero no: sorprendentemente, encontré muy poca cosa.

Parece que fue un tímido movimiento iniciado por el filósofo Baruch Spinoza en el siglo XVII, y que se definía como el arte de una vida inteligente basada en la conciencia y espiritualidad. O, al menos, no encontré nada más, o nada que me pareciese interesante. Ahora sé que mi impresión al leer la palabra *biosofía* se debe a que proyecté en ella mi sentir, y en una milésima de segundo mi búsqueda había quedado concentrada en ese sustantivo. *Biosofía*, etimológicamente hablando, significa «la sabiduría de la vida». Pero para mí, es la sabiduría que se encuentra en el estudio científico del organismo. Sí, la ciencia también puede ser fuente de sabiduría, no solo de conocimiento o de información.

Biosofía es la sabiduría que nos concede la biología; no es una forma de proceder, sino de mirar. Es cuando leo un artículo científico y me ha convertido en mejor persona; cuando diseño un experimento de biotecnología al servicio de lo humano y no al revés; cuando creo que un poema de pocas líneas dice tanto o más que la descripción de un mecanismo neuronal; cuando me acuerdo de un párrafo de una novela al leer un estudio científico, y al revés; cuando recurro a la filosofía si no alcanzo a comprender las leyes materiales del organismo; cuando reparo en mí al leer una estadística; cuando comparto el conocimiento científico de la neurociencia con la intención de ayudar a crecer a otros. Cuando me inspiro en el cuerpo para guiar mi conducta.

Biosofía es la unión indisoluble de saberes. Para ser *biósofo* no hace falta ser científico ni licenciado. *Biosofía* es, al fin y al cabo, la mirada humilde del que busca esculpir su cerebro apoyándose en el estudio científico de la biología. Pero la biosofía, o ser una biósofa, requieren de una curiosidad que vaya más allá de las especializaciones. Hay algo en las lupas que nos aleja del paisaje. Muchos de los más prestigiosos biotecnólogos no saben nada de humanidades, y muchos eruditos humanistas no sabrían describir una neurona. Esto nos lleva a un viejo debate que parecía haberse jubilado, pero que, dados los tiempos que corren, habría que recuperar: la relación entre las ciencias y las humanidades.

Seis de abril de 1922, París; Europa bajo la resaca de la Primera Guerra Mundial. Un alemán, Albert Einstein, fue invitado a la capital francesa para debatir sobre el concepto del tiempo con uno de sus mejores filósofos, Henri Bergson. Einstein, por aquel entonces, era ya un prestigioso y famoso físico que, con su teoría de la relatividad, proponía un tiempo dependiente de la velocidad y que puede medirse: «el tiempo del universo». Bergson, el filósofo de la memoria, era en ese momento un pensador, convertido en fenómeno social en Francia, que proponía hablar de *duración* en vez de *tiempo*, de recuerdos y de sueños; es decir, del «tiempo de nuestra vida».

El encuentro tenía como excusa debatir el significado físico y filosófico del tiempo, pero había algo más profundo: se debatía el lugar de la filosofía ante una ciencia que engullía a las demás formas de conocimiento. Bergson defendía la subjetividad; Einstein, la objetividad. Bergson defendía un universo en constante cambio y, por lo tanto, impredecible; Einstein aspiraba a encontrar las leyes que rigen y predicen el universo. Bergson no podía comprender una ciencia que excluyese el papel de la conciencia humana en el universo;

Einstein buscaba la unidad de un universo inmutable. Bergson abrazaba la complejidad y la incoherencia; Einstein, la coherencia y la simplicidad. Así lo resume con erudición y elegancia la historiadora Jimena Canales. Hubo un momento del debate que pasó a la historia. Después de un vaivén de reflexiones entre el físico y el filósofo, Bergson sentenció que la teoría de la relatividad era tan solo una teoría física, y que, por lo tanto, la filosofía no quedaba excluida. Einstein respondió con una frase que contribuyó a cambiar el rumbo del conocimiento: «El tiempo de los filósofos no existe».

Se refería, literalmente, a que el tiempo, tal y como lo conciben los filósofos, no tiene lugar en el estudio científico. Pero su intención era más bien otra. Con esa potente y desgarradora respuesta, daba por finalizado el papel de la filosofía en la ciencia. Muchos historiadores consideran ese debate, o más bien la tajante respuesta de Einstein, como punto de partida para que las facultades de ciencias dieran por bueno prescindir de la filosofía en sus departamentos. El término *científico* era, y sigue siendo, sinónimo de *verdad*, y sustituía al concepto de filosofía natural. A partir de la mitad del siglo XIX, el tiempo de los filósofos se había acabado y comenzaba el reinado de la ciencia, que aporta avances, descubrimientos, que avala o sentencia la validez de cualquier propuesta. Su poder ha alcanzado cotas peligrosas.

Afortunadamente, después del encuentro entre Einstein y Bergson, la ciencia sufrió una nueva revolución que puso todo patas arriba de nuevo: la llegada de la física cuántica. Eso es algo que me fascina de la historia de la ciencia y que todos los que nos dedicamos a ella deberíamos recordar: cuando pensamos que ya lo sabemos todo, llega una nueva teoría que nos arroja al suelo. Siempre he defendido que las carreras científicas deberían incluir en sus programas académicos Historia de la Física, Historia de la Medicina, o Historia del Pensamiento Científico. Se acabaría con mucha soberbia e ignorancia. Uno de los ejemplos más ilustrativos al respecto lo encontramos en una anécdota de Max Planck.

Considerado uno de los mejores físicos de la historia, Planck descubrió la cuantización de la energía que dio lugar al nacimiento de la física cuántica. Nació en Kiel en 1958, en el seno de una familia profundamente «académica»: bisabuelo, abuelo, padre y tíos —entre ellos, el padre del Código Civil alemán— fueron profesores universitarios de Teología y Derecho. En este ambiente de estudiosos, Max Planck compaginó sus estudios con la música, y su carrera profesional fue motivo de presión y de preocupación en una familia que pretendía mantener impecable su prestigio intelectual.

Al acabar la formación básica y tener que plantearse su trayectoria universitaria, a Max le tentaba la filosofía clásica, aunque se inclinaba por la física, así que pidió consejo a uno de sus profesores en esta última materia, Philipp von Jolly, quien le respondió que la descartase porque ya estaba todo inventado. Años antes, el decano de la Facultad de Ciencias de la Universidad de Harvard había declarado que a la física solo le quedaban por afinar algunas constantes, pues lo fundamental ya estaba descubierto. ¡Toma ya! No critico el error de predicción de estos profesores, sino el pensamiento que subyace: somos capaces de saberlo todo.

Por suerte, las pretensiones de Max Planck eran muy humildes y le respondió que no ambicionaba descubrir nada nuevo, sino aprender las bases de la física. Treinta años después nació una de las teorías más rompedoras de la historia del pensamiento.

La biografía de Planck es una enciclopedia de la grandeza y la torpeza humanas; como muestra, una anécdota más de las muchas que contiene. Cuando le comentó a su padre su intención de dedicarse a la investigación, este, sorprendido, le recordó que ya estaba todo inventado. Su sorpresa fue aún mayor cuando le confesó el tema de su tesis: estudiar por qué un cuerpo negro cambia de color cuando se calienta. Planck lo relata con mayor elegancia en su biografía, pero yo me puedo imaginar a ese catedrático de Derecho blasfemando al pensar en qué demonios era semejante tontería.

Atónito, le aconsejó que reconsiderase su carrera profesional, pero Max, como ese héroe olvidado que vence en las más épicas batallas sin enterarse, continuó con sus estudios sobre la radiación de los cuerpos negros. Años más tarde, obtuvo el Premio Nobel de Física.

La ciencia también tiene ese toque sarcástico que obliga a aterrizar cuando nos creemos constructores del pensamiento más elevado.

En el cuarto curso de la carrera de Física realicé un proyecto para la asignatura de Cosmología que se centraba en el tiempo de Planck; es decir: qué sucedió en el universo desde la gran explosión hasta los 10^{-43} segundos, momento en el que cuatro fuerzas de la física —nuclear fuerte, nuclear débil, electromagnética y gravitatoria— comenzaron a ser válidas. Recuerdo entre risas la cara de mi madre y su tono cuando me preguntó: «¿Realmente dedicas tantas horas a estudiar lo que ha pasado en la historia durante un tiempo que dura mucho menos que un segundo?». No supe qué responder, pero el humor me recordó que, al final, el estudio es también un laberinto de pretensiones.

Algo similar sucedió años después en el ascensor de su casa. Mi tesis doctoral se centró en el estudio de la interacción de los campos electromagnéticos del cerebro, que suena tan complejo como en realidad es. Pero, al iniciar el proyecto de la interacción entre el cerebro y los órganos, comencé con el estudio de la microbiota intestinal y la influencia que tiene en ella nuestro estilo de vida. Cuando le conté a mi madre que, para analizarla, necesitamos las heces de las personas, se quedó perpleja y exclamó: «Hija, quedaba mejor decir que estudias los campos eléctricos del cerebro que contarles a los vecinos que ahora analizas heces» (por cierto, no dijo *heces*). Esto de asociar prestigio científico a la seriedad es una broma que debiéramos superar. Volvamos a Planck. Los descubrimientos que realizó durante su carrera le dieron un papel protagonista en la historia de la ciencia que él hubiera preferido no representar. Tuvo que enfrentarse a las burlas de aquellos que defendían el anterior paradigma, someterse al escrupuloso examen de quien propone una nueva perspectiva y, finalmente, saborear las delicias del nacimiento de una visión renovada. Tal vez los innumerables callejones sin salida en los que se debió ver Planck en su vida le llevaron a pronunciar una de las más humildes frases que he leído y que, a mi parecer, debería presidir los laboratorios universitarios: «La ciencia avanza de funeral en funeral».

Antes de desviarme con las anécdotas de Planck, decía que el debate entre las ciencias y el humanismo revivió con la revolución cuántica, y lo hizo de la mano de otro maestro de la física, Erwin Schrödinger. En 1950 participó en el ciclo de conferencias «La ciencia como elemento del humanismo», patrocinadas por el University College de Dublín. En ellas alertó de que los logros prácticos de la ciencia, como la ingeniería y la tecnología, pueden ocultar su auténtico sentido. Nos solemos olvidar de sentir cuando podemos medir. Ya lo advirtió Bergson en su debate con Einstein: no confundamos el tiempo del reloj con la experiencia del momento.

Este tema está especialmente vigente hoy, que disfrutamos de las comodidades de la industria y la medicina, por lo que tendemos a concluir que ese es el objetivo de la ciencia e infravaloramos la investigación básica o «inútil». La ciencia debe conservar su carácter idealista y hasta utópico. Pero, por encima de esto, Schrödinger nos invita a apoyarnos en ella para reflexionar sobre la condición humana, como hacían los griegos que él tanto admiraba. Para él, «la finalidad de la ciencia, y su valor, son los mismos que los de cualquier otra rama del conocimiento humano. Ninguna de ellas por sí sola tiene finalidad y valor. Solo los tienen todas a la vez». Y concluye su exposición con la confesión de que cualquier forma de conocimiento, por abstracta o materialista que sea, debe seguir la máxima de Delfos: «Conócete a ti mismo».

Schrödinger no es el prototipo de científico actual, encajaría más en la época clásica, donde era común ser físico, filósofo y poeta a la vez. Hoy hay un abismo entre la ciencia y las humanidades. Podríamos decir que seguimos bajo el paradigma de «las dos culturas» que describió el novelista y físico inglés Charles Percy Snow en su célebre conferencia en el Senate House de Cambridge en 1959. El movimiento de las dos culturas expone que la ruptura entre la ciencia y las humanidades y la falta de interdisciplinaridad en el saber impide el progreso humano. Snow lo sintetiza claramente: «Estamos en un mundo con dos grupos: los científicos y los literarios. Entre ambos polos, un abismo de incomprensión mutua; los científicos creen que los intelectuales literarios carecen por completo de visión anticipadora, y los otros desestiman a los científicos como especialistas ignorantes».

Reconozco que esto de «especialistas ignorantes» me llega al alma. Quizás porque es verdad. Los científicos resentidos tendemos a idealizar a los humanistas, y los humanistas progresistas tienden a ensalzar a los científicos. De todos los divorcios posibles entre las ciencias y las humanidades, yo particularmente me lamento de la distancia que separa la ciencia de la filosofía. Heidegger describía esta última como la forma más penetrante y persistente, que nos muestra al hombre como un eterno principiante. «Filosofar, a fin de cuentas, no significa más que ser principiante», decía. Y yo encuentro algo de verdad en ello. Pero me gusta especialmente lo de filosofar más aún que la filosofía. Abogo por una ciencia que se permita filosofar. No creo tanto en la unión como en la fusión. La filosofía como una asignatura trasversal a las demás, no como un añadido. El debate entre Einstein y Bergson, la conferencia de Schrödinger o la advertencia de Snow podrían llevarnos a concluir que la solución radica en el enlace entre las ciencias y las humanidades. Pero no sé si ahí se encuentra el remedio.

¿Las humanidades *humanizan*? No lo creo. En esto, como en tantos otros temas, los nazis son extraordinario ejemplo de sórdida cutrez. Se sabe que protegieron el árbol donde meditaba Goethe porque estaba en uno de sus campos de concentración. Y por las noches, tras una jornada de crueldad sin límites, se sentaban a escuchar a Wagner con una sensibilidad que enamoraría a cualquiera.

En la historia son incontables los casos de escritores, pintores o artistas en general cuya persona roza la asquerosidad. Las humanidades son un mundo que puede convivir con la impiedad, la ignorancia y la superficialidad. No se asegura la humanización de quien las contiene en su intelecto.

No solo defiendo una ciencia humanista, sino el humanismo de la ciencia.

Humanizar significa hacer humano algo, hacerlo familiar, afable. Humanizar la ciencia sería, por definición, hacerla amable, dulce y cordial. También es acercar, y sabemos que la cercanía depende más de la presencia que de la distancia: al *estar presentes* en el desarrollo de la ciencia, la dotamos de nuestra consciencia; al industrializarla, la convertimos en una simple herramienta.

Como en todo, la diferencia la marca la presencia con la que se haga algo. Para humanizar la ciencia, hay que humanizar al científico, y eso es trabajo de cada uno. Cuenta un relato que un colibrí llevaba en su pico unas gotas de agua para sofocar un fuego en el bosque. El búho le increpó con

41

burla, mofándose de su insignificante contribución. «Hago mi parte», respondió el colibrí.

Hablamos de ciencia cuando debiéramos hablar de *ciencias*, porque hay muchas. Yo me dedico a la neurociencia o estudio del cerebro, y es, quizás, una de las ramas científicas que más debería reflexionar sobre su humanización, ya que está directamente implicada en la conducta humana y, por lo tanto, nos agarramos a ella con más necesidad que curiosidad. Es cierto que está de moda. Podemos encontrar el prefijo *neuro-* en los campos más disparatados con mayor o menor acierto. Pero defiendo su momento.

La neurociencia surgió hace poco más de un siglo de la mano de don Santiago Ramón y Cajal, y, más de cien años después, nos sigue desvelando las maravillas del órgano en el que todo sucede. Su estudio vive un auge sin precedentes y se ha propagado a los más diversos campos porque, al fin y al cabo, habla de nosotros. Por eso nos interesa el cerebro. En las últimas décadas, la neurociencia ha adoptado el adjetivo de *práctica*, y sus descubrimientos se cuelan en nuestras casas, en nuestra vida cotidiana, y hasta se permite sugerirnos estilos de vida. Dejémosla vivir su apogeo, ya caerá y nos agarraremos a otro salvavidas. No pasa nada, nadie la eleva al cielo de lo sagrado. Pero de momento, es la lámpara bajo la cual muchos buscamos respuestas.

El conocimiento científico del funcionamiento del cerebro asociado a nuestra conducta se ha convertido en un faro para disciplinas como la psicología, o en cualquier enfoque, científico o no, que persiga el crecimiento personal. A veces juzgo en exceso la sobrevaloración que le damos al sello de «científicamente demostrado», pero reconozco su peso y fuerza. Aunque el método científico tiene grietas profundas, como todo sistema, es uno de los bastones más estables que hemos diseñado. Para elaborar un artículo científico se requieren años de trabajo. Las personas que se dedican a la investigación han seguido una trayectoria académica de años de estudios universitarios que deben poner a su servicio. Antes de proponer un experimento, hay que estudiar a fondo el campo, para saber lo que ya se ha hecho y sus conclusiones. Después hay que diseñar el experimento, una de las fases más complejas, porque una cosa es tener una idea y otra muy distinta que toque con los pies en el suelo. En la ciencia solo cuenta lo que puede medirse, y a veces no hay medidas para lo que se pretende señalar. Pero hay que ser prudente: que algo no se pueda medir no significa que no exista. La ausencia de prueba no es la prueba de la ausencia.

Una vez diseñado el experimento y validadas las matemáticas que van a emplearse, hay que buscar financiación. Este es otro tema. Pero antes, la universidad o el ministerio o ambos deben aprobar el proyecto según el grado de interés que le concedan. Aquí, de nuevo, una oda a lo inútil, a la investigación en vano, porque la *utilidad* es muy subjetiva, cultural y política. Como ejemplo, hasta hace muy pocos años, estudiar el cerebro de una mujer durante el embarazo era, simplemente, inservible. Hoy tenemos figuras como la doctora en Neurociencia y psicóloga clínica Susana Carmona, que nos muestra la belleza de ese conocimiento «baldío». Pocos campos me parecen más necesarios hoy que el estudio del cerebro y el cuerpo de la mujer.

Una vez conseguidos la aprobación y el dinero, que no siempre es así, se comienza a preparar el experimento, reclutando participantes, organizando el calendario de unas máquinas saturadas, y lidiando con las idas y venidas del personal y los sustos con los que nos obsequia la tecnología. Después de, en mi caso, medir los cerebros de más de cien personas, toca analizar la descomunal cantidad de datos. Antes de ver las preciosas imágenes del cerebro, hay que dedicar meses a limpiarlas y después a procesarlas. Las matemáticas son un guante que, a veces, hay que ponerse a presión.

Cuando parece que el experimento llega a su término y por fin va a arrojar los primeros resultados, llega la temida estadística. Es el juicio final. Por muy apasionante, evidente o claro que sea un resultado, será inválido si no sobrevive a ella. Es como una maratón: no hay diploma si no se cruza la meta. La estadística, con sus cientos de andamios, pretende asegurar la estabilidad social de un experimento. Es decir, que aquello que observamos en el puñado de participantes en el experimento es aplicable a una mayoría. La estadística nos habla de generalidades, de promedios, de tendencias donde quedan excluidas las particularidades de cada uno. Pero, reconozcámoslo, no somos tan genuinos: la biología y la psicología pasean por las mismas calles y utilizan los mismos mapas. Hay algo que me enternece de la estadística, y es que nos permite abandonar la perspectiva de «*me* pasa esto» para abrazar la de «*nos* pasa esto». Y esa humanidad común nos concede el privilegio de la compasión y de la empatía. Pero todavía no ha acabado el artículo científico.

Una vez obtenidos los resultados estadísticos, se comienza a escribir el artículo. Primero, una introducción que ponga de relieve el contexto y la necesidad del estudio. Después, la descripción de la metodología, donde hay que exponer hasta los detalles más nimios. Y, finalmente, una extensa discusión donde los resultados propuestos se interpretan en función de la literatura científica ya existente. La descripción del experimento debe ser lo más objetiva y aburrida que se pueda.

Una vez escrito el artículo, comienza la peregrinación por las revistas científicas. Uno tiende a pensar que su experimento es rompedor y formidable, pero los editores son ciegos al entusiasmo. Por supuesto, si la universidad que te ampara es prestigiosa, la mirada del editor será más interesada. Lo mismo sucede con el país donde se desarrolla la investigación: el pasaporte también se cuela en el método científico.

Cuando un editor considera que el trabajo es digno de ser considerado, comienza un periodo de revisión en el que tres o cuatro investigadores cuestionan el trabajo y requieren de más análisis o justificaciones. Puede que después de meses de discusión con ellos el artículo sea finalmente rechazado. Y vuelta a empezar con otra revista. Así hasta que el tribunal de científicos considere que el trabajo merece publicarse en una revista especializada.

He resumido en unas líneas el trabajo de años…

Normalmente, el trabajo del investigador concluye al ser publicado su estudio y comienza la elaboración de uno nuevo. Sin embargo, desde mi perspectiva biosófica, el investigador no debiera detenerse ahí. Un artículo científico es sencillamente incomprensible para la mayoría de los que no se dedican al campo del que trata, lo que no quiere decir que sean ignorantes o incultos: se debe a que el lenguaje que utiliza es muy hermético. Por eso, abogo por que el trabajo de investigación siga con su divulgación. *Divulgar* significa, etimológicamente, contarle al vulgo, «vulgarizar», mostrar a la gente común; por eso, quizás, ha adoptado un sentido peyorativo que no ha de tener, como si divulgar fuera hablar para los tontos —he de decir que, a veces, me he sentido insultada por cómo se expresan algunos divulgadores—. Nada más lejos. El gran reto es poder compartir trascendiendo el lenguaje.

Einstein decía que un gran maestro es aquel que sabe explicar cómo se fríe un huevo a alguien que nunca ha visto una sartén y que no sabe qué es el aceite. Para mí, un maestro es aquel que da seminarios y no conferencias, porque *seminario* viene de «semilla». Esto es cosa de pocos, de los grandes. Los demás nos dedicamos a trasladar, «cual carteros», que decía Steiner, lo que hemos aprendido. Ciencia y compartir deben ir de la mano; de lo contrario, la ciencia perderá su papel social. Ser analfabetos de lo científico es hoy tremendamente peligroso. No hay nada más tentador que impresionar o manipular al otro con tecnicismos que te sitúan unos peldaños más arriba. Lo veo en la política, en la industria, pero también en la espiritualidad. Tener cultura científica nos da herramientas para la libertad de juicio y de elección.

¡Seamos biósofos! No permitamos que el saber se fragmente, pero huyamos de la unificación. Las ciencias y las humanidades no tienen que, ni deben, decir lo mismo. En su diversidad está la riqueza. No existe una única forma de comprensión. Seamos capaces de albergarlas a todas.

La biosofía nace como un encuentro de miradas. Inspirada en Pico della Mirandola, hace unos años comencé una serie de debates llamada, precisamente, «Biosofía», en los que me reunía en el palacete Sadrassana de Mallorca con científicos, periodistas, humanistas, religiosos y todo aquel que quisiera abrirse para compartir. Intercambiaba opiniones con científicos de amplitud de miras o con miradas ajenas a la mía. Los únicos requisitos para participar eran la honestidad y el respeto.

Este libro es como una invitación a uno de esos encuentros. Con él sigo ese camino que pretende establecer puentes entre las humanidades y las ciencias. Y, principalmente, es un humilde intento de promover una ciencia humana y humanista, fuente también de sabiduría. Biosofía como propuesta de mirada. Biosofía es también cultura.

Demos paso a los capítulos del texto, que, como ya he señalado, pretende traducir en términos biológicos el ensayo *Construir Habitar Pensar* de Heidegger. Un texto escrito desde la biosofía de alguien que pone al servicio del otro lo aprendido —que no siempre comprendido— durante más de veinte años de científico del cerebro. Es la defensa de una ciencia que abraza lo sapiencial, la sabiduría que se agazapa en los artículos científicos. Es la ciencia que a mí me ha ayudado, en lo personal, a nutrirme de la lluvia que dejan las tormentas. Como ha dicho muy acertadamente Rob Riemen, fundador del Nexus Institute:

Ser humano es un arte. No es una ciencia. Si fuera una ciencia, tendríamos definiciones aceptadas, teorías confirmadas, respuestas unívocas, protocolos y manuales para la vida. Pero no los tenemos, y todo lo que se presenta con esa pretensión no es más que un engaño. Ser humano es un arte. Un arte que cada individuo —con todos los deseos, incertidumbres, dudas, miedos, y derrotas que son inherentes a nuestra existencia— debe dominar. Ser humano es un arte que comienza con la bendición del recuerdo del amor que te dieron.

II

CONSTRUIR

«El cielo es el camino arqueado del sol».

MARTIN HEIDEGGER

¡Aguaduna será la ciudad del futuro! Con este entusiasmo se presentaba al mundo en 2020 uno de los proyectos más ambiciosos, una iniciativa que nacía para ser referencia de una nueva forma de vida.

Un consorcio de empresas españolas y latinoamericanas había diseñado, desde cero, una ciudad que albergaría a más de sesenta mil habitantes. El lugar elegido para su construcción fue el municipio de Entre Ríos, al nordeste de Brasil. Con un presupuesto de miles de millones de euros, ingenieros, arquitectos e inversores dibujaron el nuevo paradigma de ciudad inteligente, sostenible, por supuesto. Para ello gestionaría su energía de forma renovable, con paneles solares, biomasa o el último avance tecnológico al respecto. Los habitantes no podrían usar sus coches dentro de la urbe para reducir las emisiones. Una extensa red de tranvías eléctricos recorrería cada metro de la ciudad y todo quedaría a menos de una docena de minutos de cada casa. La economía circular aseguraría la reutilización de cada desecho. Como mínimo, la mitad de los alimentos consumidos en Aguaduna deberían ser de proximidad, con un máximo de veinte kilómetros a la redonda. Todo estaría optimizado, no habría disipación de energía ni de ningún recurso. Cada detalle se había pensado meticulosamente para que fuera una ciudad eficiente. La construcción empezaría en el segundo semestre de 2021 y se estimó que duraría unos quince años.*

Un experimento similar se llevó a cabo en Myanmar en 2005. La Junta Militar que gobierna el país mandó construir una ciudad que emergiese de la nada para convertirla en capital del país, con infraestructuras que nada tenían que envidiar a las grandes urbes estadounidenses; por ejemplo, una autopista de veinte carriles. La ciudad de Naipyidó pretendía ser un escaparate de la opulencia asiática, donde progreso y modernidad representaran la nueva identidad del país.

Poco habían aprendido de su vecino. El Gobierno de la República Popular China había ordenado construir años antes una ciudad en el suroeste de la Mongolia interior, a la que llamó Ordos. Esta urbe, diseñada para hospedar a casi dos millones de personas, fue pensada por las autoridades desde cero, con un listado de detalles y exigencias que sería imposible resumir y surrealista acatar. Hoy en día ambas ciudades, la de China y la de Myanmar, son consideradas ciudades fantasmas. Pese a los intentos, a veces no muy democráticos, de sus dirigentes, la población se resiste a vivir en ellas. No tienen alma.

No se puede construir desde cero, hay que reconstruir desde lo que se ha sido.

En 1944, la noche del 27 de noviembre, tuvo lugar la Operación Tigerfish, el ataque aéreo por parte de la Royal Air Force británica de la ciudad de Friburgo, en el que murieron miles de personas y tras el cual el casco antiguo quedó destrozado. El nombre de la operación, «pez tigre» en castellano, fue una ocurrencia del vicemariscal del Aire sir

---

* Aunque no es objeto de este libro analizar por qué, por si alguien quisiera informarse sobre este proyecto, he de avisar que, en el momento de la publicación de este libro, la página web del proyecto no ofrece información alguna ni se encuentran noticias actuales sobre el progreso de las obras.

Robert Saundby, gran aficionado a la pesca. Cada ataque que ordenaba ejecutar recibía el nombre de un pez, que él mismo seleccionaba con minuciosidad y acierto. ¡Qué señor más entrañable! Me puedo imaginar a sir Robert sentado en el sofá de su casa un lluvioso domingo de noviembre, haciendo alarde ante sus nietos de su erudición y entusiasmo por la fauna acuática. Horas antes, cientos de niños se abrazaban a sus madres aterrorizados por el ensordecedor sonido de las alarmas que su ataque había provocado. Pero eso a él no le afectaba a la hora de deleitarse en su búsqueda del pez exacto que daría nombre al ataque. Siempre me han sorprendido las contradicciones del ser humano, especialmente visibles en aquellos de cuyas decisiones depende la destrucción. ¿Se puede ser un enamorado de la naturaleza y producir dolor? Parece que sí.

En 1950 comenzó la reconstrucción de Friburgo. La Segunda Guerra Mundial había dejado el ochenta y cinco por ciento de la ciudad destrozado, y cientos de miles de personas desplazadas. El objetivo no era construir desde cero, sino reconstruirla desde su pasado aprovechando la ocasión para mejorar su futuro. Se respetaron las pautas urbanas tradicionales y el patrimonio cultural, pero se diseñó una ciudad más sostenible basada en amplios espacios verdes y en la peatonalización de gran parte del caso antiguo. Se fomentó el uso de la bicicleta y se expandió la red del tranvía. Hoy Friburgo es considerada como una de las ciudades históricas más sostenibles y agradables del mundo, cuyo ejemplo ha inspirado a muchos urbanistas. Su estrategia de planificación ha recibido numerosos premios, como Ciudad Europea del año 2010, Capital Europea Verde y Capital Federal para la Protección Climática 2010.

Un ejemplo de reconstrucción, no de construcción. En el verano de 2024, las calles de Friburgo me sostuvieron cuando mi mundo se tambaleaba, y me recordaron que, después de una guerra, llega la hora de ponerse a trabajar para reconstruirse, honrando la memoria, pero con la mirada en un futuro por enriquecer.

Reconstruir no es volver a construir lo que había antes, no significa recuperar, ni reparar, ni restablecer o restaurar. Tampoco supone atarse a un pasado para repetirlo, sino para aprender de él y trascenderlo. Reconstruir es aprender, crecer, continuar. Reconstruir es apoyarse en el suelo en el que nos hemos caído, para que se levante alguien nuevo, que no será el mismo que se cayó.

Cuando Heidegger escribe su énsayo urbanístico —que no es exactamente tal, ya lo sabemos—, *Construir Habitar Pensar*, interpreta el construir como esta reconstrucción de la que hablamos. Se plantea si la forma en la que construimos nuestro ser ya es el ser en sí mismo. Somos según nos construimos, y eso nos incita a sabernos seres moldeables en constante proceso de aprendizaje. Para indagar si *construir* y *ser* son sinónimos, Heidegger comienza explorando el origen de la palabra *construir*, *Bauen* en alemán, y nos recuerda que viene de proteger y cuidar, de preservar y cultivar.

Construir forma parte de nuestro modo de habitar la vida. Nos vamos construyendo día a día, y no debemos olvidar que lo hacemos para protegernos y cuidarnos. A veces construimos un muro que nos separa de un exterior que consideramos ofensivo, y lo hacemos para protegernos. Otras veces construimos puentes para ser cuidados. A veces construimos hábitos que nos mantienen estables. Otras veces cultivamos fortalezas. Pero también miedos, agresividad y nostalgias. E, igualmente, lo hacemos para protegernos y cuidarnos. Sin embargo, para Heidegger, el verdadero construir es aquel que protege el crecimiento que por sí mismo hace que maduren los frutos.

La construcción que debemos perseguir es aquella que nos haga madurar.

Al igual que ha sucedido tantas veces en la historia, en la biografía de cada uno de nosotros surgen momentos donde nuestro «pueblo interior» se derrumba. Es cierto que podemos huir hacia delante y atribuir a la mala suerte o a la maldad del otro la causa de nuestra desdicha, con el objetivo de conservar una estructura a la que nos apegamos, por dañina que sea, y que, paradójicamente, solemos desconocer. Pero también es cierto que podemos aprovechar esos momentos para mirar hacia dentro, con la humildad y la honestidad que deben acompañar a una búsqueda sincera, la única que es realmente transformadora.

Sentados en un banco, podemos observar nuestras calles destruidas por una guerra que no importa quién haya iniciado. Y ahí preguntarnos: ¿cómo he llegado hasta aquí? Solemos responder a esta pregunta rastreando en los episodios de nuestra infancia. Desde hace décadas sabemos cómo ese periodo esculpe y casi tatúa nuestro cerebro, y que nuestra conducta bebe constantemente de aquellas experiencias. Por supuesto que hay que volver a la niñez para conocernos y entender nuestra historia. Sin embargo, en la investigación está despuntando un campo de conocimiento que visualiza la herencia de los ancestros en nuestro comportamiento. La prehistoria de nuestra biografía se cuela en nuestra vida. No se trata de averiguarla, sino de saberla presente, como una mano invisible que contribuye a mover los hilos de la conducta. Para saber cómo hemos llegado hasta aquí, hay que soltar las amarras del tiempo y los intentos de análisis y comprensión para simplemente abrazar un contexto que nos ha construido mucho antes de nuestro nacimiento y que sigue presente.

Conocer el impacto de nuestro pasado puede ayudarnos a comprender, pero debemos ser cuidadosos en no caer en la tentación de la rendición y la pasividad. Al contrario, nos debe incitar a replantearnos qué podemos hacer con lo que la prehistoria y la historia han hecho de nosotros. Esos momentos donde parte de nuestro mundo se derrumba son más adecuados para hacerlo. Armados con un martillo, nos disponemos a demoler aquellas creencias y hábitos que nos causan dolor, a nosotros o a los demás. Con un cincel esculpimos nuevas rutas y perfilamos fortalezas. Con un cuchillo, distinguimos lo aprendido sin permiso de aquello erigido con la voluntad. Y con cautela decidimos qué partes deben ser enterradas.

El proceso es duro y costoso. Pero, sobre todo, es un acto de confianza, porque nadie asegura su éxito. Para Heidegger, construir es proteger el crecimiento. No se trata de diseñar una nueva personalidad o un nuevo mundo, sino de cuidar las condiciones para que se dé el crecimiento. Pero este puede no ocurrir. Sentada en un banco de Friburgo, observando mis calles embarradas y mis edificios derrumbados, me imaginaba la construcción como el cuidado de la tierra y la siembra de semillas que, a lo mejor, un día dan frutos. Esos frutos son la madurez, que no se construye, sino que se protege y cuida con la esperanza de que emerja.

Proteger nuestro crecimiento comienza con la mirada hacia atrás, con la pregunta de cómo se ha construido lo que ha llegado hasta aquí, pero debe ser una mirada que ya se prepara para la reconstrucción. Y construirse es aprender a cuidarse.

Somos lo que hacemos con nosotros.

La construcción

1

La Madre Tierra

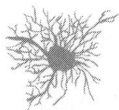

Para comprender cómo hemos llegado a lo que hoy somos, debemos reconocer que el viaje de nuestra propia construcción comenzó hace millones de años. Nuestro cerebro sigue reglas que no escapan al universo en el que está inmerso. Decía Carl Sagan, famoso físico y gran divulgador, que «la Tierra es un lugar más bello para nuestros ojos que cualquier otro que conozcamos. Pero esa belleza ha sido esculpida por el cambio: el cambio suave, casi imperceptible, y el cambio repentino y violento. En el cosmos no hay lugar que esté a salvo del cambio». En nuestro cuerpo tampoco.

Siempre me ha sorprendido nuestra capacidad para asombrarnos por cosas insignificantes y asumir con apática normalidad otras que realmente son extraordinarias. La cosmología es una de ellas. Vivimos en una bola que gira alrededor de una estrella, el Sol, a una velocidad de más de cien mil kilómetros por hora. Y, a la vez, esta bola gira sobre sí misma a mil setecientos kilómetros por hora en el ecuador. En los polos va más despacio, evidentemente. Esas vertiginosas velocidades pasan desapercibidas para nuestros ojos, que contemplan cómo el paisaje y nuestros pies se mueven a paso de tortuga. La sagrada geometría de nuestro universo ha ido reconstruyéndose a lo largo de trece mil setecientos millones de años, hasta llegar a lo que es hoy. Pero, curiosamente, la biología de los seres humanos que hoy habitamos la Tierra es un reflejo de lo que el universo ha llegado a ser. Los investigadores Franco Vazza, astrofísico, y Alberto Feletti, neurocirujano, de las universidades de Bolonia y Verona, publicaron un estudio en 2020 donde se comparaba matemáticamente la red cerebral humana con la red cósmica de las galaxias. Como sucede en este tipo de estudios, las suposiciones y simplificaciones son astronómicas, pero los resultados son científicamente estables y válidos. Usando una sofisticada batería de algoritmos matemáticos y de simulaciones, midieron las propiedades estructurales, morfológicas y topológicas de una lámina de cerebelo y otra de la corteza cerebral. Es decir, midieron cómo se distribuyen las neuronas en dos regiones diferentes del cerebro. Y lo compararon con la agrupación de galaxias en el universo. Según sus análisis, la arquitectura de ambos sistemas, el cósmico y el cerebral, parece seguir los mismos principios de autoorganización. Las reglas que rigen la dinámica de ambos sistemas son sospechosa y significativamente similares. Podrán bombardear nuestro cerebro, y podremos reconstruirlo cientos de veces, pero sin darnos cuenta lo haremos siempre respetando el urbanismo que millones de años de evolución han impuesto. Nunca se empieza de cero. Es imposible escapar del universo que nos hospeda.

Somos terrestres. Aunque parezca una obviedad, cabe recordar que nuestra biología es fruto de una adaptación a las condiciones del planeta Tierra que nos alberga, y, en especial, a la gravedad. Todos recordamos que en el siglo XVII, el físico, y teólogo, Isaac Newton descubrió que la Tierra atrae a los cuerpos hacia su centro, y lo hace con una fuerza que se mide por la aceleración de la gravedad. En el caso de nuestro planeta, la gravedad es de 9,8 metros por segundo cuadrado, pero en el caso de la Luna, por ejemplo, es de 1,6. Por eso allí pesamos seis veces menos y los astronautas caminan como flotando. Pero resulta que vivimos en la Tierra y no en la Luna, y nuestro cerebro se ha adaptado a un entorno donde el suelo nos atrae con esa determinada fuerza. ¿Sería diferente nuestro cerebro si la gravedad fuera otra? Es una pregunta de gran peso. La gravedad influye, por ejemplo, en los procesos de migración neuronal durante la gestación y hasta en los mecanismos de consolidación del sueño.

Experimentos realizados en cerebros de astronautas por un consorcio de universidades estadounidenses para medir el impacto de los vuelos espaciales han aportado información sorprendente por la obviedad de sus resultados, pero incomprensible. Querían medir los cambios cerebrales después de que los astronautas hubieran pasado varios meses en la estación espacial, donde las órbitas que realizan alrededor de la Tierra simulan una situación de ausencia de gravedad. Al volver a casa, una resonancia magnética medía la anatomía de sus cerebros y la comparaba con el estado original, es decir, el cerebro que no se «había escapado» del campo gravitatorio terrestre. Sus resultados mostraron alteraciones en los sistemas de drenaje y limpieza cerebral, lo que afectaba a la homeostasis, o estado de equilibrio, del cerebro. Curiosamente, aquellos con experiencia previa en viajes espaciales no mostraban cambios neuronales significativos. ¿El cerebro se adapta a la ausencia de una de las cuatro fuerzas fundamentales de la naturaleza, la gravedad? Esto es, como poco, curioso.

Mientras se aclara si somos o no terrestres, veamos el impacto que tiene la rotación del planeta sobre nuestro sueño. Debido a sus giros diarios, nuestro lado del mundo queda sumido en la oscuridad un gran número de horas cada día. Algo más en invierno que en verano. Ante esta privación de luz, la corteza visual del cerebro recibe menos estímulos, lo que pone en riesgo su funcionamiento.

Me explico. Por la noche y cuando dormimos, dejamos de ver cosas. Dormimos una media de ocho horas al día. Eso es mucho tiempo para el cerebro, ya que las zonas adyacentes a la corteza visual pueden activar mecanismos de conquista: si una zona del cerebro no se usa, las vecinas se apoderan de ella para mejorar sus funciones. Para compensar las largas horas de oscuridad y privación visual el cerebro se inventó un truco: soñar. Producir imágenes no reales. Inventarse visiones. Crear luz en la oscuridad. Según algunos investigadores, como el neurocientífico estadounidense David Eagleman, los sueños existen para proteger a la corteza visual de ser invadida en la oscuridad de la noche. ¿Se los debemos, pues, a la rotación de la Tierra? (Me encantan estas extravagancias tan románticas).

A propósito de esto, la revista *Science Advances* publicó en 2021 los resultados de un proyecto liderado por la Universidad de Seattle. Comparaban la calidad del sueño de los habitantes de dicha ciudad estadounidense con la de los indígenas tobas —también denominados quom— argentinos. El propósito era medir la influencia de la luz artificial ante la llegada de la noche: ¿podría una bombilla acabar con la Luna? La respuesta es no. Sus resultados mostraron un patrón similar en ambas poblaciones. Las fases lunares siguen modulando nuestro sueño. En las noches previas a la luna llena, el sueño comienza más tarde y es más corto. Sin embargo, cuando hay luna nueva, dormimos más.

La relación entre las fases de la luna y la salud física y mental es objeto de un tímido debate científico. Esclarecer si los llamados lunáticos deben su nombre al influjo del satélite sobre las áreas límbicas del cerebro —aquellas que están implicadas, junto a otras estructuras, entre otras funciones, en el control de las emociones, la supervivencia o el aprendizaje— está hoy en día fuera de nuestro alcance e interés. No es mi objetivo defender el impacto del sistema solar o la relevancia de la posición de los planetas en nuestra psicología y biología, sino resaltar que somos el fruto de interacciones que van mucho más allá de nosotros, de nuestro entorno y de un momento concreto. Si somos o no la memoria del universo, como tantos místicos han asegurado, yo no lo sé, ni nadie riguroso científicamente lo podría asegurar. Pero también es verdad que me sorprende que se nos considere hijos adoptados y no naturales de la Madre Tierra.

Sea como fuere, el conocimiento del impacto de la galaxia en nuestra biología poco puede, de momento, orientarme en mi reconstrucción cerebral. Poco puede hacer mi humilde intención frente a la historia del universo. Sin embargo, conocer qué partes del planeta pueden ayudarme a sobrellevar una mala época me parece mucho más práctico.

Cuando en 1950 se planteó la reconstrucción de Friburgo, uno de sus pilares era la distribución de espacios verdes, de forma que las áreas construidas quedasen claramente separadas de las zonas abiertas, como los parques. Desconozco si era un plan premeditado en aquel momento, pero hoy sabemos que la naturaleza o espacios verdes urbanos son especialmente relevantes en la recuperación de un evento traumático. El Instituto de Investigaciones para el Desarrollo Humano Max Planck, situado en Berlín, publicó un estudio en la revista *Molecular Psychiatry* que se ha convertido para mí casi en un mantra. Literatura científica anterior ya había reportado que la vida en las ciudades modernas conlleva un mayor riesgo de presencia de trastornos mentales como ansiedad o depresión. El mecanismo neuronal asociado a ese mayor riesgo es el exceso de actividad de la amígdala, que desencadena respuestas ansiosas, precipitadas, y amplifica el estrés. Por lo tanto, reducir su actividad es clave para poder gestionar mejor una situación desagradable. Existen diferentes formas de moderar la sobreexcitación neuronal de la amígdala, y pasear por la naturaleza es una de ellas.

Los investigadores alemanes midieron la respuesta neuronal ante una situación que conlleva miedo y estrés social. Compararon los cerebros de un grupo de personas que había paseado por una calle transitada durante una hora con aquellos que lo habían hecho por un bosque. Sus resultados fueron, como poco, naturales: un paseo de una hora por un entorno verde reduce la actividad de la amígdala de forma significativa y su reacción ante una situación adversa es menor, dando la oportunidad a la persona de poder equilibrar mejor su respuesta ante la dificultad. Esto se llama «salutogénesis mental»: construir voluntariamente la salud mental. La salud también se construye y tenemos a la naturaleza como aliada. Es fundamental tener cerca espacios verdes después de una guerra, de cualquier tipo de guerra.

«Ver la Tierra así como es, pequeña y azul y hermosa en ese silencio eterno en el que flota, es vernos a nosotros mismos reunidos como pasajeros de la Tierra, hermanos en esa brillante hermosura en el frío eterno, hermanos que ahora sabemos que son realmente hermanos», escribió el poeta estadounidense Archibald MacLeish.

La Tierra también ha contribuido en nuestra construcción.

Somos hijos de la Tierra.

2

En el eco de mis muertes

Cualquier biografía comienza con la fecha de nacimiento, como si ahí empezara todo. Como si los seres humanos fuéramos una urbe construida desde cero e inaugurada el día en que hemos nacido. Es una ilusión, medio cierta, que supone que la historia de la vida comienza con la primera respiración. Realmente ahí se inicia el viaje, eso es cierto. Pero un viajero siempre lleva maletas a cuestas. Maletas que ha preparado en casa, cargadas de aquello que piensa que va a necesitar. El equipaje nos dota de herramientas para emprender y continuar la marcha. Pero el viaje también consiste en ir deshaciéndose de lo que nos pesa, de lo que lo dificulta, y sustituirlo por experiencias ricas en aprendizajes que dejen recuerdos más allá del momento y que otros puedan disfrutar después. Esas maletas son los apellidos.

Se cree que la primera vez que se nombró a una persona según sus referencias familiares fue en China en el año 2850 a. C., pero la formalización de los apellidos no llegó a Europa hasta la Edad Media, ante la necesidad de identificar las propiedades y regular la herencia. Fueron las clases sociales altas las primeras en recibir apellidos, que normalmente aludían al oficio familiar, lugar de origen o a algún rasgo físico; de ahí Zapatero, Castellanos o Cabezón. En España, la obligación se estableció en 1870 con el uso de dos apellidos: uno paterno y otro materno. (Aprovecho para aplaudir la decisión de incorporar el apellido de la familia materna, una tradición muy poco común en un mundo que nombra a sus gentes exclusivamente con el apellido paterno).

Con los apellidos aparecen herencias y legados. La palabra *herencia*, del latín *haerentia*, significa «estar adherido», mientras que *legado* viene de la también latina *legatum*, «que ha recibido la ley». Nuestra biología también es heredera de un legado cuya huella es invisible e inaudible, pero latente. El cuerpo en el que hoy suena la música de nuestra vida es el resultado de la interacción de miles de vidas que antes de nosotros han pisado la Tierra, nuestros padres, abuelos, bisabuelos, tatarabuelos y tantos otros ancestros. Sus ecos se cuelan hoy en nosotros para fusionarse con nuestra voz, hasta el punto de hacernos dudar quién es realmente el que habla.

¿Podemos encontrar en nuestro cerebro la estampa de la prehistoria? La genética y la epigenética podrían ser la llave que abra esa puerta.

El término *genética*, del griego antiguo *gennetikós*, «génesis u origen», fue acuñado por el biólogo William Bateson en 1905 y se refiere al campo de investigación que estudia la transmisión de la herencia biológica. Es decir, cómo transmitimos a nuestra descendencia los rasgos físicos o fisiológicos. El responsable de dicha mudanza es el famoso ADN, ácido desoxirribonucleico. Esta molécula contiene la información genética en sus componentes, los aún más famosos genes. Cada gen representa un conjunto de instrucciones. El entusiasmo que acompañó al proyecto Genoma de los años ochenta hizo que el ADN fuera bautizado como «el libro de instrucciones de la vida», que pasa de padres a hijos. En sus páginas está escrita toda nuestra información genética y sería como un libro compuesto por veintitrés capítulos, los veintitrés cromosomas, con la peculiaridad de que estos capítulos, como nuestros cromosomas, estarían pareados, ya que los seres humanos tenemos veintitrés pares, cuarenta y seis simples, en total. En cada par de cromosomas, uno procede del padre y el otro de la madre y la información que transportan compone nuestro *genotipo*.

Sin embargo, en el ADN de cada uno de nosotros hay millones de instrucciones que no se han llevado a cabo: no toda la herencia que recibimos se manifiesta en nosotros. Aquella que sí se manifiesta es el *fenotipo*, del griego *phainein*, «aparecer» y *typhos*, «huella». Por ejemplo, mi abuela tenía los ojos turquesa. Esta información está en mi genotipo, pero mi fenotipo ha resultado ser de ojos marrones. El fenotipo es la expresión del genotipo.

En 1942, el biólogo escocés Conrad Hal Waddington acuñó el término *epigenética*, que significa «por encima de la genética». Es la rama de investigación que estudia cómo se altera el fenotipo sin que se modifique el ADN, la relación entre el peso de los genes y las condiciones ambientales. En palabras de Waddington, la epigenética es «el estudio de todos los eventos que llevan al desenvolvimiento del programa genético del desarrollo» o, dicho técnicamente, «el complejo proceso de desarrollo que media entre genotipo y fenotipo».

Para comprender un poco mejor qué es la epigenética, vamos a tomar prestada la paradoja de los hermanos gemelos propuesta por Albert Einstein, también llamada «paradoja de los relojes», un experimento mental que pretendía hacer comprender que el tiempo es relativo y que se utilizaba en las universidades para explicar la teoría de la relatividad espacial. Supongamos dos hermanos gemelos, por lo tanto, idénticos, llamados Albert y Paul en honor a Albert Einstein y a Paul Langevin, los dos extraordinarios físicos que idearon esta paradoja. Sus vidas han transcurrido con un asombroso paralelismo, ambos han estudiado Física y dedican su vida a la investigación, incluso se casaron a la misma edad. Pero, al cumplir los treinta, el mismo día de su cumpleaños —que es también, no lo olvidemos, el de Albert—, Paul se embarca en un viaje espacial que lo conduce a una estrella lejana, y lo hará en una nave que se desplaza a una velocidad cercana a la de la luz, esto es, trescientos mil kilómetros por segundo. Se ha estimado que tardará veinticinco años en llegar y otros veinticinco en volver. Ese día, Albert y Paul se despiden, tan iguales como dos gotas de agua. Pasan los años, cincuenta exactamente, y un envejecido Albert de ochenta llega al centro de actividades espaciales, ansioso por abrazar a su hermano. La sorpresa es mayúscula cuando, al abrirse la nave, desciende de ella un muchacho de treinta y uno. ¿Quién es? Paul. Para él solo ha pasado un año; para Albert, cincuenta. Esto solo puede suceder en un mundo donde el tiempo y el espacio no son absolutos, inmutables, sino relativos. El tiempo depende de la velocidad con la que se mueva quien lo observa.

Creo que es un buen momento para la sonrisa, para que relajemos un poco la atención que requieren asuntos tan sesudos, así que voy a contar una anécdota que me gusta mucho y que tiene que ver con Einstein y el actor cómico Charles Chaplin, «Charlot». El primero había acudido al estreno de *Luces de la ciudad*, en el Nueva York de 1931, y allí le presentaron al segundo. La prensa del momento se hizo eco de su animado diálogo, que selló una larga amistad. Einstein alabó el trabajo de Chaplin: «Tu arte es admirable. No dices una palabra y sin embargo todo el mundo te entiende». A lo que Chaplin respondió: «Lo tuyo es aún más admirable: el mundo te admira aunque nadie te entiende».

Adaptemos ahora la paradoja de los hermanos gemelos a la epigenética. En este caso se llamarán James y Francis en honor a los padres de la genética, el biólogo molecular, genetista y zoólogo estadounidense James Watson y el biólogo molecular británico Francis Crick. En nuestro experimento mental los hermanos James y Francis surgieron de un mismo óvulo y por tanto comparten exactamente la misma información genética, su ADN. Además, llevaron vidas muy paralelas hasta la adolescencia, cuando Francis comenzó a frecuentar malas compañías, a ingerir todo tipo de sustancias adictivas, a llevar una vida bastante sedentaria y a esconder la mirada para no hacer frente a sus problemas psicológicos. Mientras tanto, James estudió Biología, le gustaban las fiestas, pero la moderación marca los límites saludables, entrenaba en el gimnasio de la universidad y había tenido el coraje de asistir a terapia simplemente para conocerse mejor.

Al cumplir los cincuenta años, juntos invitaron a una fiesta a sus numerosos amigos. Celosos de confesar su edad, en la tarta no había velas. Uno de los invitados exclamó: «¡Siempre pensé que erais gemelos! ¿Cuántos años de diferencia hay entre vosotros?». Sin duda, Francis parecía mucho mayor.

Los estudios realizados en gemelos siempre han tenido un interés especial, ya que representan un escenario ideal para medir el impacto del estilo de vida sobre la biología. James y Francis comparten el mismo ADN, pero su cuerpo ha activado y desactivado algunos genes en función del entorno de cada uno. Epi-genética, por encima de la genética: no ha cambiado el ADN, sino cómo se expresa.

Los cambios que produce la epigenética consisten en introducir moléculas en lugares determinados del ADN, de forma que su lectura cambia el significado. Imaginemos que el ADN es una secuencia de palabras que forma una frase, por ejemplo, «No quiero verte». Si nada cambia, esa frase será leída e interpretada tal cual expresa su gramática. Alguien no quiere ver a otra persona. Pero una modificación epigenética consistiría por ejemplo en introducir una coma: «No, quiero verte». El significado ha cambiado completamente.

La secuencia de palabras es exactamente la misma, pero la interpretación es opuesta. El estilo de vida pone y quita comas. El biólogo y zoólogo británico Peter Brian Medawar, merecedor del Premio Nobel de Fisiología o Medicina en 1960 por las investigaciones que condujeron al descubrimiento de la tolerancia inmunológica adquirida, que permite desde entonces el éxito de los trasplantes de órganos, lo resumió perfectamente: «La genética propone, la epigenética dispone».

Otra anécdota muy conocida de Einstein que viene al caso: su encuentro con Marilyn Monroe. Se cuenta que la actriz se acercó a él y le dijo: «Imagine, señor Einstein, que usted y yo tenemos un hijo y sale tan inteligente como usted y tan guapo como yo». A lo que Einstein respondió: «¿Y si sale al revés?».

Se puede ser guapo y listo, y también lo contrario: a la genética le gusta el sarcasmo. Sin ir más lejos, Martin Heidegger tuvo dos hijos, Jörg y Hermann, nacidos de su infeliz matrimonio con Elfriede Petri. A la muerte del filósofo, el menor se encargó de administrar su legado, para lo que se había formado siguiendo una trayectoria académica muy similar a la de su padre. Era el orgulloso hijo de Heidegger, que continuaba viviendo en el domicilio familiar para honrar aún más su memoria. No había duda, había heredado el privilegiado cerebro de su padre y le correspondía velar por su legado. Ya en su vejez descubrió que no era hijo biológico de Heidegger. La genética también pueden ser creencias.

Antes de desviarnos, habíamos comenzado a hablar del peso de los apellidos. De cómo traspasan las fronteras de la biología y nuestros ancestros se cuelan en la sangre hoy viva: es la herencia transgeneracional epigenética (TEI, por sus siglas en inglés).

Hoy en día la epigenética está ampliamente reconocida por la comunidad científica. Sin embargo, en la última década ha surgido un nuevo debate que me permito traer a estas páginas, no sin antes resaltar la prudencia con la que debemos aceptar los resultados de un campo de investigación que aún está en pañales. La herencia transgeneracional epigenética supone que podemos transmitir a las nuevas generaciones los cambios que hemos adquirido en nuestra vida. No solo transmitimos nuestra genética, sino que podríamos transmitir también nuestra epigenética. Algunos investigadores, como el genetista y epigenetista alemán Bernhard Horsthemke, o el genetista británico Adrian Bird, buscan los mecanismos epigenéticos que amortigüen las sutilezas de cada vida, pero que permitan respuestas plásticas a las condiciones ambientales más extremas. De alguna forma, no se puede transmitir la biografía completa de padres a hijos, sino aquellos cambios que hayan sido fundamentales. Queda mucho camino por recorrer y saber qué es lo que transmitimos a los que vienen y qué muere con nosotros, pero ya hay algunos estudios científicos que nos invitan a la reflexión.

La salud mental es hoy un tema en boca de muchos y en manos de pocos. Desde luego que se deberían dedicar más esfuerzos a comprender qué es lo que fracasa para que lleguemos a donde hemos llegado. Cuando hablamos de alteraciones de la salud mental, como ansiedad, estrés o depresión, por citar las más comunes, hacemos una exploración de las circunstancias que las han podido ocasionar. El radar es cada vez más amplio, y analizamos causas que hasta hace poco eran insospechadas. Sin embargo, seguimos centrándonos exclusivamente en aquello que está ocurriendo en el momento en el que se presentan los síntomas o que ha ocurrido en un pasado cercano o significativo. Por supuesto, debemos trabajar con la información que tenemos, pero quizás debemos incorporar aquellas variables ocultas que, sin embargo, están interfiriendo. Parte del estrés o ansiedad que expresamos podría ser heredado, según estudios realizados en animales. Los experimentos suelen consistir en lo siguiente: se toma un grupo de ratas y se las expone a señales ambientales adversas, como privación de dieta, estrés por calor o exposición a un fungicida. Esas ratas tienen hijos y después nietos. A los hijos y a los nietos no se los somete a dicho ambiente negativo y se analiza su genética. Los nietos de las ratas que habían sido estresadas muestran una *metilación del ADN* alterada; en lenguaje no científico, se ha alterado la expresión de ese gen.

Este sería el mecanismo molecular por el cual una experiencia sostenida de los padres puede afectar a las generaciones futuras. Sin embargo, otros estudios, también en animales, han mostrado que un solo evento estresante tiene impacto en el desarrollo cerebral en tres generaciones de distancia, en los bisnietos, lo que repercute en la fisiología neuronal y en el comportamiento del animal.

La experiencia de nuestros ancestros modifica la forma en que los descendientes perciben y responden a un desafío experimentado durante su propia historia de vida. ¡Vaya, parece que no solo heredamos los miedos de nuestros ancestros, sino cómo respondieron a ellos!

Estos estudios fueron realizados en animales, y por tanto deben siempre tomarse con cautela. Pero también es cierto que se experimenta con ellos porque los resultados se interpretan como modelos de lo que podría pasar en seres humanos. Y estos han mostrado que el miedo no entiende de ataúdes.

La herencia transgeneracional epigenética tiene una vertiente que ha cobrado importancia en los últimos años, la transmisión del trauma. La herida que supone un evento emocionalmente intenso puede dejar secuelas patentes a lo largo de nuestra biografía, pero también puede escurrirse a los sótanos del inconsciente y desde ahí dominar silenciosamente nuestra existencia. El impacto del trauma vivido por una persona disfruta hoy del merecido interés de la comunidad científica, pero todavía son tímidas las voces académicas que tratan su huella en generaciones posteriores. La transmisión transgeneracional del trauma (TTT, por sus siglas en inglés) se define como la herencia biológica que una persona traumatizada transmite a segundas y terceras generaciones. Aunque la literatura científica es todavía escasa, unos quinientos artículos científicos, son muchas las preguntas que hoy se debaten: ¿cómo puede transmitirse un recuerdo reprimido de una persona a otra? ¿Puede realmente un niño «heredar» la información inconsciente de sus padres? ¿Es posible que recordemos lo que nuestros padres han olvidado? Estas son algunas de las cuestiones que se plantean diferentes universidades.

Una mejor comprensión de la transmisión epigenética del trastorno de estrés postraumático permitiría un diagnóstico más preciso y protocolos terapéuticos más integrales. Especialistas como las estadounidenses Rachel Yehuda y Barbara Bierer lo expresan con claridad e invitan a profundizar en esta línea de investigación: «Integrar la epigenética en un modelo que permita que la experiencia previa tenga un papel central en la determinación de las diferencias individuales también es consistente con una perspectiva de desarrollo de la vulnerabilidad al trastorno por estrés postraumático».

Pocos son los estudios realizados en seres humanos que miden el impacto biológico del trauma vivido por las generaciones anteriores. Sin embargo, el impacto psicológico lo conocemos bien. Los primeros estudios fueron realizados en veteranos de guerra estadounidenses y mostraron que el trastorno de estrés postraumático de los padres suponía un mayor riesgo de problemas emocionales y de conducta en sus hijos.

Similares resultados dieron las generaciones descendientes de supervivientes de traumas de guerra, abusos sexuales infantiles, refugiados o víctimas de torturas. Alguien dijo que la guerra es el miedo disfrazado de coraje. ¡Malditos cobardes! El *International Handbook of Mutigenerational Legacies of Trauma* [Manual internacional de legados multigeneracionales del trauma], editado por Yael Danieli, psicóloga clínica y directora del Group Project for Holocaust Survivors and their Children [Proyecto de grupo sobre los supervivientes del Holocausto y sus hijos], a finales de los años noventa, recoge los estudios académicos que han explorado el impacto a largo plazo de los desastres causados por el ser humano: la huella centenaria de la guerra. Allí se relata la inmortalidad del dolor tras los genocidios de Turquía, Camboya, Rusia o Yugoslavia, el legado de las cadenas de la esclavitud en Estados Unidos, los ecos de la bomba atómica en Japón y, por supuesto, el Holocausto, la «catástrofe», según su etimología en hebreo; la «gran solución» para los nazis.

El genocidio que llevó a cabo el régimen nazi contra los judíos de Europa se conoce como Holocausto. Su puesta en marcha tuvo lugar en el verano de 1941, después de una sesuda planificación a cargo de Heinrich Himmler. Millones de personas eran transportadas en trenes hasta los campos de exterminio, donde eran asesinadas en cámaras de gas. Las pocas que sobrevivieron quedaban empequeñecidas por el peso de la experiencia, y sus descendientes también. Estudios realizados reportan una mayor vulnerabilidad al estrés, a la depresión y mayores alteraciones de la salud mental en estos últimos. La primera explicación era la obvia, son niños desarrollados en un ambiente de crianza marcado por el dolor donde el relato del horror estaba presente. Sin embargo, nuevas investigaciones indicaban que los efectos transgeneracionales también podrían haber sido transmitidos epigenéticamente. La memoria de lo que sucedió no solo se transmite de boca en boca, también de cuerpo en cuerpo. Al integrar factores ambientales y hereditarios se pudo comprender mejor el impacto psicobiológico de los descendientes del Holocausto.

En 2016, la revista *Biological Psyquiatry* publicó el primer estudio de transmisión epigenética del trauma. Para ello midieron la metilación de la citosina dentro del gen que codifica la proteína 5 (FKBP5), relacionada con la liberación de la famosa hormona del estrés, el cortisol. En lenguaje no científico: midieron la alteración de una de las pequeñas proteínas, la citosina, crucial para controlar el crecimiento y la actividad de las células del sistema inmunitario, encargada del código genético de otra proteína que controla el estrés. Los resultados mostraban que los supervivientes del Holocausto presentaban un incremento de esa alteración cuando se los comparaba con aquellos cuyos ancestros no habían sido sometidos a dicha situación traumática. Además, se observó una correlación con los parámetros biológicos de los padres, y que los descendientes de los que habían sufrido con mayor intensidad un trauma heredaban un mayor impacto genético. Era el caso de aquellos que habían sido sometidos, además, a acoso físico o sexual.

Este artículo es la primera evidencia científica de alteraciones epigenéticas en la descendencia por trauma en los ancestros y que este es, por lo tanto, también psicofisiológico. Las guerras impactan sobre las capas químicas de los cromosomas, transmitiendo el dolor por medio de la memoria biológica. Así pues, varias generaciones de descendientes de quienes las sufrieron serán más vulnerables al estrés, a la depresión, a la tristeza, al miedo y a la venganza.

Repasando la historia, podríamos decir que gran parte de nosotros porta en sus genes la guerra. No se me ocurre ningún pueblo que no haya padecido guerras, o un genocidio, o una invasión, o una hambruna, o todo a la vez. Estos acontecimientos afectan a la memoria biológica de todos, dejando semillas de dolor y haciéndonos más propensos a la guerra, puesto que la llevamos dentro. Reconocer que también hemos heredado sufrimiento nos hace más humildes e invita a que los tratemos con más compasión y comprensión. Alejandra Pizarnik, poeta, ensayista y traductora argentina, ya lo sabía: «En el eco de mis muertes, aún hay miedo».

Los mecanismos que guían el desarrollo de un cerebro durante la gestación dependen de factores genéticos heredados por los padres, del estilo de vida y el ambiente que rodea a la madre, y también de la genética de ambos, del padre y de la madre. Experimentos basados en modelos animales han mostrado que los factores epigenéticos tienen la capacidad de reprogramar el epigenoma ante desafíos ambientales como el estrés materno, alterando el sistema nervioso de la descendencia. Solo recientemente se ha mostrado que dicha alteración depende también de las experiencias maternas y paternas ocurridas años antes de la gestación. Es decir, los procesos epigenéticos están involucrados en el desarrollo neurológico y su posterior maduración.

El profesor Roger Barker, del Departamento de Bioquímica Clínica de la Universidad de Cambridge, propuso en 2001 la «hipótesis del fenotipo ahorrativo». Según sus estudios, la reprogramación del desarrollo del cerebro se realiza con la intención de adaptarse a un entorno que supone similar al vivido por sus padres. Es decir, la genética programa un desarrollo del cerebro en condiciones saludables. Sin embargo, si por alguna razón la madre sufre una experiencia adversa, como estrés, ansiedad y tristeza, la epigenética entra en juego y reprograma dicho neurodesarrollo para adaptarse a la nueva situación, marcada por el estrés. Al nacer el bebé, su sistema nervioso está potencialmente alterado y preparado para afrontar un entorno estresante. Según Barker, si las condiciones cambian —por ejemplo, que haya cesado la situación que generaba malestar en la madre—, el cerebro puede seguir respondiendo de manera inapropiada ante eventos estresantes que experimente durante su vida. De alguna forma, según esta hipótesis, el cerebro guarda memoria de la memoria de sus progenitores. Que no cunda el pánico ni la desesperación: luego propongo una alternativa. Estudios realizados en seres humanos han mostrado que un nivel alto de estrés en la madre antes de la concepción está correlacionado significativamente con un mayor riesgo de alteraciones en la salud mental y física de la descendencia. La hipótesis es que la desregulación del eje hipotalámico-pituitario-suprarrenal (HPA) materno produce una reprogramación del neurodesarrollo de sus hijos. Pero los resultados son aún más sorprendentes. Uno de los periodos que más afecta al neurodesarrollo en la gestación es la infancia de sus padres. Madres con infancias adversas suponen una mayor liberación de cortisol en las etapas iniciales y medias, hasta la semana veintiséis de la gestación, del embarazo. El impacto del estrés del padre solo ha sido estudiado en animales, no en humanos: herencia del machismo en la ciencia (que eso también se transmite). Según experimentos en ratas realizados en la Facultad de Medicina del Mount Sinai de Nueva York, el padre también transmite epigenéticamente sus miedos a la descendencia incluso antes de su concepción.

No podemos escapar de la memoria, pero sí tenerla en cuenta. Conocer el impacto de los traumas infantiles de la madre o del padre en el desarrollo del cerebro del nuevo ser exige protocolos de compensación. El cuidado de la madre gestante no debe ceñirse solo a parámetros físicos: debiera extenderse a la vigilancia de su salud mental actual y pasada.

Los estudios del profesor Nathan Kellerman sobre la transmisión epigenética del trauma asociado al Holocausto dejaron también un resultado esperanzador. Mientras que algunos descendientes mostraban una mayor vulnerabilidad al estrés, otros evidenciaban una resiliencia extraordinaria, superior a la media. Quizás no heredamos la historia, sino una actitud ante ella. Ahí está el prisionero 119104 de un campo de concentración nazi, el psiquiatra Viktor Frankl, que con su relato de la crudísima realidad que vivió nos regala una oda a la existencia, a la esperanza y a la obligación de buscar el sentido de la vida. ¿Qué espera la vida de nosotros? La adversidad es como una prueba, una pregunta que alberga muchas respuestas. Encontrar en nosotros la que consideramos acertada o posible es parte de este viaje. Ante una situación compleja, algunas personas desarrollan estrés postraumático, otras mantienen estable su salud mental y otras resultan fortalecidas. Así como hemos heredado el miedo, el dolor y las lágrimas, también está en nuestra biología la resiliencia y el crecimiento. En 2021, la revista *Lancet Psychiatry* publicó un modelo de transmisión epigenética de la resiliencia que se apoya en la idea principal de que un ambiente protector puede contrarrestar las modificaciones inducidas por condiciones adversas, provocando incluso variaciones epigenéticas que transmitan fortalezas humanas antes no presentes. La resistencia a la tempestad también es herencia de nuestros ancestros. Yo diría que es una herencia tan lejana, transmitida de generación en generación durante milenios, que puede ser considerada un legado seguro, un instinto.

Diversos estudios recogen que las personas con alteraciones psiquiátricas presentan modificaciones epigenéticas comparadas con aquellas que disfrutan de salud mental. Las causas pueden ser muy diversas, pero gran parte de la literatura científica apunta a la influencia del entorno como agente que mitiga la adversidad. Cuando hablamos de entorno, no solo nos referimos a las personas que nos acompañan, sino a aquellas condiciones que nos enriquecen, como una terapia apropiada, ejercicio físico, dieta saludable y una estimulación cognitiva que promueva curiosidad y entusiasmo.

Estas son las condiciones de lo que se llama «epigenética protectora o positiva», apoyada en tres mecanismos fundamentales: primero, puede surgir de los ancestros, incluidas varias generaciones y, por lo tanto, muchos años antes de la concepción; segundo, se intensifica en los primeros años del desarrollo cerebral, lo que incluye la gestación, la infancia y la adolescencia; y tercero, los factores protectores presentes en el epigenoma positivo se ponen en marcha ante eventos negativos.

Este último punto es especialmente importante porque resalta el papel de la respuesta para reforzar el epigenoma. Es decir: ante una dificultad puede mostrar sus beneficios, por ejemplo, resiliencia, capacidad de superación, intención de sanación o comprensión. Si desarrollamos estas capacidades, estamos reforzando el epigenoma positivo haciendo que nos ayude a nosotros y a nuestra descendencia. Si, por el contrario, no hemos podido seguir a ese aliento que llevamos dentro y cedemos ante la adversidad, estamos debilitándolo. La resiliencia se retroalimenta, se hace más fuerte cuanto más la usamos. Aquí es donde interviene el esfuerzo. La resiliencia es una semilla, no un árbol: hay que regarla.

La «hipótesis del fenotipo ahorrativo» sugiere que el cerebro se reprograma para actuar ante la dificultad, tal como ha aprendido en situaciones estresantes heredadas o memorizadas, aumentando así la probabilidad de alteraciones de la salud mental. Sin embargo, propongo una alternativa: la «hipótesis del fenotipo costoso», que supone que la adversidad puede invocar respuestas resilientes también heredadas o aprendidas, pero su mantenimiento y puesta en marcha es un proceso más costoso, que requiere de fuerza de voluntad.

Afortunadamente, hoy contamos ya con evidencias empíricas de la epigenética resiliente o positiva. Aunque se supone que la ausencia de eventos negativos promueve la resiliencia, es importante conocer qué factores promueven su consolidación. En nuestra tierna infancia, el cuidado de los padres es el principal factor que anima a nuestra resiliencia. Diversos estudios han evaluado las consecuencias epigenéticas y psicológicas del comportamiento de los padres en estudios con animales, mostrando que la calidad de los cuidados está relacionada con la respuesta hormonal al estrés en la descendencia, reduciendo su riesgo, también el de la ansiedad. ¡Con cuántos tecnicismos se puede expresar un beso, una caricia, o un masaje en los piececillos de un bebé! Ya de adultos, las intervenciones psicoterapéuticas también pueden afectar al epigenoma,* y, por supuesto, el estilo de vida: el ejercicio físico, la dieta y la estimulación cognitiva suponen un entorno de calidad que favorece la epigenética positiva.

La herencia epigenética transgeneracional nos debería invitar a reflexionar sobre la responsabilidad de nuestros actos sobre la masa humana de hoy y de mañana. Cuando estemos muertos, seremos invisibles, pero no ausentes, que decía san Agustín. Saber de la presencia de esta clase de herencia no supone conocer sus contenidos. No siempre se pueden averiguar los hechos o la psicología que acompañan a nuestro árbol genealógico. De ser así, podríamos evitar repeticiones inconscientes e innecesarias. Es ahí donde se

---

* El mecanismo biológico propuesto es, en lenguaje científico, una reducción de la metilación del ADN en el gen que codifica los receptores de los glucocorticoides, junto con una mayor acetilación de histonas en el tejido del hipocampo. En seres humanos, investigaciones pioneras sugieren que el cuidado de los padres, como la lactancia materna y el contacto físico, están asociados a una disminución de la metilación de los receptores del cortisol, así como con los factores de crecimiento neuronal BDNF, y con un incremento de la metilación del gen proinflamatorio TNF. En adultos, se han observado cambios en la metilación del ADN de genes relacionados con el estrés, como el FKBP5 o SLC6A4, en pacientes sometidos a tratamientos psicológicos para el trastorno de estrés postraumático, fobias o síntomas de ansiedad.

antoja necesario observar nuestra conducta con humildad, como testigos de una memoria difusa que se sirve de nuestra vida para perpetuarse. Una mirada humilde y ecuánime, propia de quien ha recibido un legado que no acepta ni rechaza, que desconoce pero que reconoce como presente. También es una mirada decisiva, que se siente con el derecho a transformar su herencia en pos de un respeto a la propia esencia. Pero, sobre todo, es una mirada de consideración y de honoración a lo que nos precede. Obviar nuestro ancestral legado nos somete. Y todos hemos tenido alguna vez el deseo de no ser más quienes somos.

3

Colisión de biologías

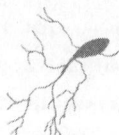

En el verano de 1967, el poeta rumano de origen étnico judío Paul Celan viajó a una remota aldea de la Selva Negra alemana llamada Todtnauberg. Allí tenía una cabaña Martin Heidegger, en la que se refugiaba buscando «ese silencio que se hace más silencio». Celan acude a visitarlo buscando una sola cosa: que se disculpe. Los padres del poeta han sido asesinados en un campo de refugiados a manos del partido nazi al que Heidegger había estado vinculado. Pero la respuesta del filósofo fue, precisamente, el silencio. No se disculpó. Desconsolado, Celan escribe un poema sobre la esperanza de escuchar una palabra que venga del corazón de alguien que piensa. ¡Cuánto nos importan los demás! A pesar del desencuentro, la cabaña de Todtnauberg fue, principalmente, punto de reunión de intelectuales de la época, como el filósofo francés Jean Beaufret, al que Heidegger escribió su célebre *Carta sobre el Humanismo*. Celan, el poeta, acude hasta la cabaña arrastrado por la amarga herida de la contradicción humana. Beaufret, el filósofo, es, sin embargo, atraído por una elegante y docta curiosidad. Cada uno busca el Heidegger que lleva dentro. Fue allí donde Martin reflexionó sobre nuestra naturaleza social, sobre los puentes que nos unen a los demás, y nos advirtió de que en esas uniones regalamos nuestra esencia a otras personas.

Es algo que siempre me ha intrigado: cómo el cuerpo, aparentemente separado del mundo por la piel, incorpora a los demás para hacerlos suyos. Aunque para Heidegger la ciencia se equivoca al pensar que la esencia del hombre reside en el cuerpo, a menudo he considerado incompleta cualquier explicación sobre la naturaleza del ser que excluya al cuerpo. Y él, como tantos otros filósofos, lo excluye. Intentar entender el encuentro con el otro sin considerar la biología es como estudiar a los peces en tierra seca. El encuentro es la base de la experiencia, nos dice el filósofo Charles Pépin. Puede ser con los demás o con uno mismo, o con alguna cosa. Pero, normalmente, es el encuentro con otra vida diferente a la nuestra. La palabra *encuentro* viene del latín *incontra*, «en contra», y nos remite a un choque con el otro, a la alteridad. Dos seres entran en contacto y sus trayectorias se modifican.

«Son necesarias las transformaciones silenciosas que nos hacen salir de nosotros mismos», nos dice Pépin.

Mucho se ha hablado sobre la comunicación entre las personas, pero poco se ha escrito sobre la relación entre los cuerpos cuando se comunican. Como si los sentidos fueran los únicos embajadores del encuentro. Vemos, oímos, tocamos, olemos, y hasta podemos saborear al otro. Hoy empezamos a comprender que la unión se teje también con hilos invisibles que estrujan las vísceras. Se trata de la coordinación fisiológica, el campo de estudio de la neurociencia que indaga la conexión entre los órganos de diferentes personas.

Comprender esa colisión entre nuestra biología y la de los demás es conocer otra forma de construcción del cerebro. Nuestra arquitectura neuronal también está diseñada por aquellos a los que les prestamos atención. Es un aviso, a veces categórico, del respeto que le debemos a nuestro cuerpo, a nuestra vida. Hay encuentros constructivos y encuentros destructivos. Pero también es un aviso a navegantes: dejamos huella al navegar.

La coordinación fisiológica se ha estudiado, de momento, como la relación entre los cerebros o corazones de dos personas. Comencemos por el cerebro. En 1965, la revista *Science* publicó el primer estudio sobre la comunicación entre cerebros. Se trataba de un experimento que pretendía medir científicamente la comunicación «extrasensorial» de hermanos gemelos. Para ello, las cabezas de parejas de hermanos fueron cubiertas de electrodos que registraban los campos eléctricos de sus cerebros, simultáneamente, y se calculaba matemáticamente la relación entre las actividades de sus respectivos cerebros.

Como ya sabemos que todo lo que suene a esotérico despierta gran recelo en la comunidad científica, el estudio fue tachado de pseudocientífico por la pobreza de sus métodos estadísticos. Durante cuarenta años nadie se atrevió ni tan siquiera a fisgonear sobre el tema. Pero en 2002, la Universidad de Texas volvió a poner sobre la mesa de los laboratorios la posibilidad de medir varios cerebros a la vez. Ellos fueron los primeros en acuñar el término *hiperescáner*, en alusión a la técnica que permite medir simultáneamente la posible interacción entre cerebros. Este experimento pionero consistió en introducir a dos personas en una máquina de resonancia magnética y hacerlas interactuar. Así los investigadores podían tener una imagen de ambos cerebros a la vez. Cualquiera que se haya sometido a una prueba de resonancia recordará lo claustrofóbico de la experiencia. Consiste en un potente imán que alinea los átomos de hidrógeno de nuestro cuerpo, y para ello es necesario que el tubo sea lo más estrecho posible. Si una persona ya está bastante apretada, ¿cómo van a caber dos? En Estados Unidos, el número de personas obesas es tan significativo que las grandes empresas tecnológicas de la neuroimagen han tenido que construir resonancias más amplias en las que pueden caber dos personas en su peso óptimo, ni qué decir si son delgadas. De ahí que el experimento solo pudiera llevarse a cabo allí.

Desde entonces son numerosos los laboratorios que se han animado a medir la relación entre cerebros para comprender los mecanismos neuronales de la comunicación entre personas. Ya sea introduciendo a dos personas en una máquina de resonancia o calibrando dos sistemas de electroencefalografía (EEG), la coordinación intercerebral es hoy, afortunadamente, científica.

No en todo encuentro experimentamos al otro. Al igual que no toda construcción es una vivienda. Dice el filósofo Josep Maria Esquirol que un hogar lo componen personas cercanas, cálidas y que practican la no indiferencia. Solo desde ahí se cultiva la comunidad. Y la biología coincide con él.

Recreemos un encuentro de los que tenemos cada día. Llegamos a casa, o a un café, y le relatamos a nuestra familia, o a alguna amiga, cualquier episodio de nuestra biografía reciente. Esto mismo hicieron en 2019 en la Universidad Aalto, en Espoo, Finlandia. Midieron simultáneamente la actividad hemodinámica de los cerebros de dos personas: una era la oradora y la otra la escuchaba. Pretendían calibrar la conexión entre sus cerebros en función del impacto emocional que el relato hubiera dejado en el oyente.

Todos hemos sentido alguna vez que nuestra experiencia es recogida por el otro con emotividad. Otras veces hemos recibido la indiferencia como respuesta. Los resultados del grupo finlandés mostraban que, a mayor emotividad, mayor era la fuerza de conexión. Es decir, los cerebros se parecían más que antes del encuentro. El cerebro del oyente reproduce lo que está sucediendo en el cerebro del orador, concretamente en regiones auditivas, de procesamiento atencional, somatosensorial y motor. La emotividad que despertamos en el otro está mediada por la comunicación entre las amígdalas e hipocampos del oyente y del hablante. Hablar desde la emoción sincera favorece el enlace.

Este y otros estudios muestran que la emoción es el vínculo que favorece la comunicación entre personas, por medio de su biología. La unión no entiende de distancia, sino de atención y emoción.

La profesora Ruth Feldman, de la Universidad de Yale, es pionera y referencia en el estudio de los mecanismos neurobiológicos del apego. Gran parte de su trayectoria ha estado dedicada a la coordinación fisiológica entre padres e hijos. Fue ella quien acuñó el término «reciprocidad fisiológica» para referirse a la correlación entre el estado neurobiológico de ambos. Feldman primero estudió cómo los cuidados de los padres favorecen la asociación filioparental con los niveles de oxitocina, hormona cerebral presente en estado de calma, satisfacción o bienestar. Sus experimentos muestran que, a mayores niveles de oxitocina en los padres, mayores niveles en los hijos, y viceversa. Nuestra felicidad repercute biológicamente en la de otros. Años más tarde, Feldman estudió cómo la reciprocidad dependía de la edad de los hijos. Y aquí las cosas eran diferentes en mamá y en papá. En la madre, es siempre creciente con la edad, va en aumento, siendo máxima en la adolescencia, tanto si es hijo como hija. En el padre, la reciprocidad se mantiene estable desde que los hijos son bebés hasta que tienen más de tres años. Sin embargo, al llegar a la adolescencia, depende del sexo de la descendencia: si es niña, la reciprocidad aumenta significativamente; si es niño, permanece en niveles similares a los de la infancia.

La Universidad de Canadá fue un paso más allá y estudió la relación entre los cerebros de los abuelos cuando están presentes hijos y nietos. Sus modelos computacionales muestran que la presencia de los nietos favorece un envejecimiento saludable, y lo hace a través del incremento de la sincronización de sus cerebros. La comunicación neuronal con un cerebro infantil tan amado regula la fisiología de las neuronas reforzando los mecanismos compensatorios de la vejez. También observaron algo curioso, que denominaron «sincronización cerebral trigeneracional», aquella que ocurre cuando se sincronizan los cerebros de tres generaciones a la vez: abuelos, padres e hijos. Según los resultados, la crianza de los hijos es más beneficiosa cuando los abuelos y los padres componen el hogar. ¡La importancia de la familia extendida!

Hemos visto que una escucha activa produce una fuerte conexión intercerebral, y que, por el contrario, es débil cuando la escucha es apática. Ambos cerebros dan cuenta de esa falta de unión, hay un efecto rebote que notifica que no se percibe esta conexión. Lo curioso es que es una información que se cuela por la puerta del inconsciente, sin darnos cuenta. Pero deja su huella, exactamente en las áreas parietales y en la línea media cerebral, que disminuirán su actividad.

La falta de correspondencia emocional está asociada con una menor sincronización cerebral en ambos y eso se traduce en distancia. Estar delante no es estar presente. Estos resultados dan un nombre científico a la sensación de soledad que podemos sufrir ante alguien ausente, que no nos puede dejar entrar en su esencia. De ahí los estudios sobre el impacto en el neurodesarrollo de niños crecidos en orfanatos, las consecuencias de la soledad no elegida o las alteraciones en la salud mental que supone vivir con una persona narcisista y emocionalmente no disponible. Vivimos buscando el encuentro. Heidegger lo expresó con elegancia, el mayor dolor es «aquel de la proximidad de la lejanía».

Ante la ausencia del encuentro íntimo, el cerebro intensifica su sincronización con aquellas personas con las que encuentra conexión, como forma de compensación. Se ha observado que los niños con problemas familiares se sincronizan más con los profesores cuando estos se muestran cercanos. Propiciar conexiones saludables, próximas y cálidas es un mecanismo compensatorio del cerebro para asegurar la resiliencia. Es lo que se llama plasticidad intercerebral, y se basa en la exposición recurrente a una fuerte sincronización cerebral, que produce cambios en la capacidad para concordar con otra persona.

La terapia es un ejemplo de plasticidad intercerebral. La Universidad de Haifa publicó un estudio en 2022 que recogía las evidencias científicas de que las sesiones terapéuticas conducen a un aumento a largo plazo de la capacidad de sincronización cerebral. El cerebro del paciente se abre a la comunicación de la mano del terapeuta, siendo claves parámetros como la sonrisa, palabras de ánimo, calidez, valoración sin juicio, gestos corporales amables y una voz calmada. La alianza entre el terapeuta y el paciente se basa en la sincronización neuronal. Después de un cierto número de sesiones, la conexión comienza a extenderse a personas cercanas y a otras relaciones, lo que está asociado a una reducción de los síntomas de malestar psicológico.

La Universidad de Ámsterdam ha explorado los casos de pacientes con dificultades para mantener una conversación con el terapeuta. Según sus indagaciones, la concordancia de movimientos con el terapeuta podría ser un paso inicial para comenzar a fomentar la sincronización entre cerebros, facilitando la apertura del paciente. De esta forma, se podría dar acceso a estados internos de la persona, ayudando a la comprensión y al intercambio emocional. No hay que olvidar que las áreas motoras están involucradas en la red de sincronía intercerebral. Aún recuerdo el consejo de una amiga terapeuta a mi pregunta de cómo podía proteger a mi hija ante un momento difícil que tuvimos que atravesar. «¡Baila con ella!», me dijo. Así lo hice. Y ambas disfrutamos. Bailamos hasta que desaparecieron las danzantes.

La empatía es la capacidad de sentir dentro al otro, de identificarse con él. Y se basa, como hemos visto, en la sincronización de cerebros. Nos transformamos en el otro y, durante esos momentos, ambos cerebros están aprendiendo uno del otro. Mi reconocimiento a los terapeutas, sanitarios y profesores.

A pesar de lo romántico que parezca dicho contagio neuronal, también surge la inquietud de calibrar esa conexión cerebral para protegernos. Los casos más evidentes son, precisamente, los terapeutas, sanitarios, o personal de los servicios de urgencia. ¿Qué hacer cuando la profesión supone un contacto directo con el dolor del otro?

La Universidad de Londres (UCL) publicó en 2004 un artículo en la revista *Science* en el que se evaluaba la respuesta cerebral ante el dolor ajeno. Para ello compararon la actividad neuronal cuando sentimos un dolor físico con la que experimentamos cuando vemos a un ser querido sufrir. Sus resultados mostraron que, en el segundo caso, se activan en nuestro cerebro redes neuronales afectivas. Sin embargo, si nos quedamos en nosotros mismos, no se activan áreas sensoriales. Es decir, nos podemos unir al dolor ajeno abandonando nuestra identidad. Ahí se produce una fuerte sincronización cerebral. Pero nos destrozaría con el tiempo y acabaríamos alejándonos del dolor del otro como protección. Más bien, nos desconectaríamos de nuestro propio cuerpo, que nos alerta de la invasión. Hacer nuestro el dolor del otro nos aleja de nosotros. Cuando la empatía mantiene activa la respuesta neuronal de la ínsula, esa área del cerebro relacionada, entre otros, con el procesamiento de las emociones, nos unimos al dolor del otro, pero manteniendo nuestra identidad. Es lo que hace la compasión, por ejemplo. El terapeuta o el que escucha está atento al otro y a sí mismo. Los límites, nos dice Heidegger, no suponen el punto donde algo termina: son aquello a partir de donde algo inicia su esencia. Parece que el que mejor escucha es aquel que no se olvida de que está escuchando.

La búsqueda de la sincronización cerebral también puede cultivarse. Aprender a escuchar, a estar presente, a estar ahí, es algo que también deberían enseñar en las escuelas. La ciencia de la proximidad, lo llamaría yo. La literatura científica ya nos ha dado algunas pistas, y algunos laboratorios de bioingeniería han diseñado dispositivos para incrementar la sincronización cerebral, como el *neurofeedback*.

Lo mismo conseguiremos mirándonos a los ojos cuando nos hablamos, ya que este gesto favorece la sincronización entre cerebros e incrementa la actividad del hipocampo y, por lo tanto, la capacidad de recordar lo que estamos escuchando. Además, el anclaje de la mirada beneficia a la conexión entre la corteza prefrontal lateral —que interviene en los patrones de comportamiento, por ejemplo— y el hipocampo, por lo que tendremos más recursos neuronales para sostener nuestra atención en el otro. Cuando nos distraemos, tendemos a mover muchos los ojos, como si quisieran escapar de donde están.

Otra forma de favorecer la sincronización intercerebral es realizar movimientos coordinados a la vez. El primer experimento al respecto se publicó en 2016, y en él se midió algo tan simple como la comunicación cerebral cuando dos personas mueven un dedo a la vez. Quizás este estudio abriese la puerta a otros más interesantes, como la cohesión cerebral que produce bailar. La danza, la que sea, y aunque se baile mal, favorece la coordinación fisiológica y está asociada a una mayor sensación de bienestar.

Así como sufrimos al sentir que no somos recibidos fisiológicamente, la comunicación entre cerebros es un saludable sinónimo de comunidad. «La presencia no es una cualidad, es una actividad», dice Heidegger.

Dicha comunicación también está presente si median las pantallas. Las omnipresentes reuniones virtuales suponen una sincronización entre las personas que estamos a un lado y otro del ordenador, pero la comunicación entre cerebros es menor que cuando nos encontramos en persona. Sin embargo, saber que nos sincronizamos con esa persona o personaje que vemos en televisión es un ejercicio de responsabilidad, por una parte, de quien elige un contenido frente a otro, y por otra, de quienes están delante de la cámara. Los experimentos de la neurocientífica finlandesa Riitta Hari nos dicen que la emoción es el vínculo fundamental que favorece la comunicación entre cerebros, lo que concuerda con la atracción que sentimos hacia aquellos personajes que se exaltan en un escenario televisivo, muy diferente a la gélida y casi siempre aburrida exposición de muchos de los locutores de un programa cultural. Es una lástima que usemos la emoción, negativa, como enganche de una audiencia. Según un estudio de la Universidad de Cambridge, la verdadera sincronización cerebral se produce cuando escuchamos relatar una emoción positiva. Si el entusiasmo se colase en las pantallas, quizás comenzaríamos a dudar de las preferencias sociales.

Vayamos ahora a explorar la sincronización, en este caso, entre los corazones.

Asegura el filósofo Byung-Chul Han que en la puerta de la casa de Heidegger todavía hoy cuelga el proverbio «Cuida tu corazón más que otra cosa, porque él es la fuente de la vida». En su último ensayo, el filósofo coreano afincado en Alemania explora el concepto de «corazón de la existencia» heideggeriano. Recupera su oda a abrazar una filosofía de la cordialidad, a construir un mundo habitable que está en constante construcción. El corazón, para Heidegger, custodia el ser, y lo hace guiado por «la magia del mundo sintonizador». La experiencia, nos dice, «saca el corazón del sujeto y lo entrega al mundo». Es la ley del ser. El mundo es un lugar que sintoniza corazones sacándolos de nuestro pecho para incorporarlos a él. Es la magia del ahí.

Jamás encontraré las palabras que describan con exactitud mi asombro la primera vez que leí este pensamiento. Solo hay un vocablo que se le acerca: fascinación. Heidegger, un hombre aparentemente atormentado, sentencia una ley ontológica de sintonización de corazones. Comencé a verlo como un hombre que, al perderse en su propio laberinto, sin duda logró encontrarse. No debió ser fácil ser él. La inteligencia agudiza las esquinas de los laberintos, pero la sabiduría las lima. Hoy diría que, en el fondo, era un hombre en paz. Su ensayo más íntimo, *Camino de campo*, concluye así: «La sabia serenidad es una apertura a lo eterno. Su puerta se abre sobre las bisagras antaño forjadas con los enigmas de la vida por un herrero experto».

Durante mi estancia en Friburgo en 2024, quise ir a visitar su cabaña. Aseguro que si hoy Heidegger estuviera vivo, me habría encadenado a la valla de su casa hasta que me hubiera recibido. Necesitaba contarle que en mi laboratorio medíamos esa sintonización de corazones. Poco le hubiera importado, seguramente, porque para él el corazón es solo una forma simbólica de hablar que nada tiene que ver con el órgano que habita en nuestro pecho. Pero creo que ahí se equivocaba. Lástima que la filosofía se viese en la necesidad de justificar su existencia frente a la ciencia. Con mayor contundencia lo expresa George Steiner: «Heidegger habla con soberana desvergüenza, con majestuosa insolencia al decir que la ciencia no piensa. Es una profunda idiotez».

Al final no pude visitar su cabaña ni su tumba en el cementerio Messkirch: tuve que apresurar mi viaje para visitar a mi hija en Italia. «Quien de noche se arranca el corazón del pecho y lo lanza a lo alto, ese no yerra el blanco», dice Paul Celan. Al acabar de escribir este libro, garantizo que volveré a la Selva Negra para rendir un merecido tributo a Martin Heidegger.

Con todo el respeto a Heidegger, mis días en la Universidad de Friburgo me permitieron traducir científicamente dicha sintonización de corazones. Como hemos visto, la comunicación entre personas requiere de la sincronización de sus cerebros. Sin embargo, el intercambio de información que supone la vida en sociedad involucra también al sistema hormonal y al cardíaco. El término *trofalaxis*, inicialmente definido para insectos, denota todo intercambio de señales biológicas y conductuales entre los componentes de un grupo. «Aspectos trofaláxicos de la teoría heideggeriana del ser y el tiempo» sería un buen título para un artículo que, sin duda, me garantizaría la mirada peyorativa de los académicos de la filosofía.

La dinámica del corazón se basa en el famoso bombeo que distribuye la sangre por el cuerpo para ser atraída y después limpiada por el sistema cardiorrespiratorio. Así como normalmente medimos la actividad neuronal con un conjunto de electrodos que se adhieren al cuero cabelludo, para medir la dinámica del corazón ponemos unos similares en el pecho, y en ambos casos medimos el campo eléctrico que generan estos órganos. La acción del corazón se mide por la frecuencia de latidos, y a partir de ahí, se derivan diferentes variables que nos permiten caracterizar su dinamismo. La sincronización de cerebros se estimaba poniendo dicho conjunto de electrodos en dos cabezas a la vez. Lo mismo se hace para medir la sincronización, o «sintonización», según Heidegger, de corazones. Se dice que dos corazones interactúan si han acoplado su frecuencia cardíaca —bombean a la vez—, o si la actividad de uno de ellos está correlacionada significativamente con la del otro. Es decir, si la dinámica de un corazón es dependiente de la actividad del otro, aunque no hagan exactamente lo mismo a la vez. Los resultados son también asombrosos, ambos corazones comparten información a través de su comunicación.

Comencemos por mamá, la mayor sincronización observada. Estudios de la doctora Feldman publicados en 2011 mostraron que la interacción con los hijos supone una sincronización de corazones cuando es un encuentro activo, presente y con atención. Si uno de los dos, generalmente la madre, está ausente o distraído, la comunicación se debilita, llegando incluso a desaparecer. Otra vez la presencia, el estar ahí, como vinculo psicobiológico. Al igual que sucediera con la comunicación intercerebral, mirarse a los ojos favorece la transmisión de corazones. Y también la respiración. Respirar lento, lo veremos más adelante, facilita la comunicación entre corazones. En el caso de la relación madre e hijo, además, la respiración pausada supone un mayor tono vagal del niño, favoreciendo así su metabolismo y neurodesarrollo. Para añadir aún más presión a las madres, estar estresada impacta en el corazón de nuestros hijos. Aunque la sincronización de corazones se produce también con otros niños, es mayor en presencia de los propios.

Leí estos estudios unos años después de ser madre, cuando mis tardes transcurrían en el parque del Retiro de Madrid o en cualquier playa de Mallorca. Sentada en la arena entre cubos, palas y pelotas, pensaba en cómo mi corazón iba sonando al ritmo de los pequeños que por ahí jugaban. Mi músculo cardíaco se convertía en un concierto a varios tambores con un percusionista principal: el corazón de mi hija. Tiene razón Heidegger cuando habla de la magia del mundo.

Aunque con menor intensidad, la sincronización de corazones está presente en cualquier relación. Evidentemente, el tipo de emoción que nos vincule intensifica dicha comunicación. Por ejemplo, con la pareja, donde se observa una concordancia tanto hormonal como de la frecuencia y dinámica cardiaca, guiada principalmente por la actividad de los sistemas de recompensa cerebrales.

A diferencia de la de cerebros, la sincronización de corazones involucra a sistemas neuronales más somáticos: los de las sensaciones del cuerpo, y con mayor presencia afectiva. La incorporación del corazón del otro supone tener en cuenta su subjetividad. Cuando el nuestro late de una forma muy rítmica, se dificulta la sincronización. Esto es típico de situaciones en las que orbitamos en torno a nuestro relato, a veces obsesivo y siempre rumiante. Normalmente, ese estado se suele acompañar de movimientos oculares erráticos y muy divagantes. Así es difícil poder percibir la mirada del otro. Por el contrario, un ritmo más flexible o, dicho técnicamente, una mayor variabilidad de la frecuencia cardiaca favorece la comunicación con otro corazón permitiendo que nuestro cerebro pueda incorporar información «ajena», es decir, la visión siempre subjetiva con la que el otro contempla el mundo. Para más asombro, en 2019 se descubrió por primera vez que las personas que duermen juntas sincronizan sus corazones durante el sueño. Para ello midieron la relación causal entre los órganos y observaron que su interacción es aproximadamente el doble que cuando estamos despiertos. ¿Qué información se transmitirán durante el sueño?

Tanto la sincronización de cerebros como la hormonal o la de corazones se realizan de forma no consciente, aunque sus consecuencias se manifiesten en nuestra conducta y en nuestro estado anímico. Sabemos en qué situaciones se produce dicha comunicación biológica, y hasta podríamos decir que conocemos algunos trucos para intensificarla. Pero no sabemos cómo forzar a dos corazones o cerebros a hablarse; sucede o no sucede, esa es la cuestión. Un experimento publicado en 2020 y liderado por el doctor estadounidense Michael Siegman midió la dinámica de los corazones de un grupo de percusionistas mientras improvisaban juntos. La sincronización cardíaca entre algunos de ellos favorecía la creatividad del conjunto y la sensación de cohesión, pero no se produjo entre todos ni pudo ser forzada o apremiada.

A mí, personalmente, me agrada que el mundo sea un lugar que sintoniza corazones sin que podamos hacer nada. Es una llamada a la autenticidad. Quizás los ojos sean ciegos y los oídos sordos, y quizás sea el cuerpo el que percibe. El cuerpo siempre ve al otro desnudo.

4

Museos desordenados

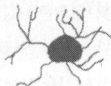

Martin Heidegger murió el 26 de mayo de 1976 en la ciudad de Friburgo, pero su cuerpo está enterrado en su pueblo natal, Messkirch, cerca del lago de Constanza. Es curioso eso de querer volver, vivo o no, a la tierra que nos vio nacer. Como si la vida consistiera en un viaje de vuelta. Ya he contado que en verano de 2024 quise honrar la memoria de Heidegger visitando su tumba. Metí en mi bolsa *Heidegger y el comenzar*, de Rüdiger Safranski, y me imaginé sentada en un banco del cementerio leyendo la teoría sobre el amor y la teoría por amor que este libro contiene.

Pero Europa tenía otros planes. Esos días se inauguraban los Juegos Olímpicos de París, y una amenaza de atentado terrorista en Suiza desfiguró la meticulosa puntualidad y la organización ferroviaria de la zona. Así que mi soñado banco del cementerio se convirtió, en realidad, en un banco de un andén de la Estación Central de Friburgo. Pasé allí unas cuantas horas, con la esperanza de que el tráfico de trenes se regularizase. Pero no fue así. Dediqué la mañana a esperar, sin más. Observé llegar los trenes, y después marcharse. Contemplé cómo la gente subía y bajaba, cada uno a su manera. Y allí, en esa incómoda silla de la estación, me volví a preguntar cómo había llegado hasta ahí.

Ahora no sé si era más incómoda la silla o la pregunta. La ciencia —mi bastón durante tantos años ya— me había permitido comprender que el ser que soy hoy se ha fraguado muchos años antes de que yo asomara por esta tierra. Recordé a mis abuelas, a ambas, a mis abuelos, a ambos, e imaginé a sus padres y abuelos. Todos ellos habían contribuido a construir esa mujer que aquel día esperaba el tren en Friburgo.

Recordé, cómo no, a mis padres, a mis hermanas, a mis tíos, y a los muchos amigos que me han acompañado y me acompañan. Y, por supuesto, a mi hija: cada uno se acerca a nosotros con un cincel para esculpirnos también. Intenté descifrar qué parte de mí le debo a cada uno, pero no pude. El encuentro es una colisión de biologías y biografías donde es imposible conocer todas las variables: el mismo padre esculpe hijas muy diferentes, los mismos abuelos labran nietas distintas. La complejidad de una vida no se puede estudiar con una lupa que rastrea hueco a hueco por separado. ¡Somos la interacción de tantas vidas a la vez que es inviable conocer el impacto de solo una de ellas! Pensaba en mi padre, cuyos actos han dejado en mí una huella evidente, pero me resultaba imposible comprender su herencia sin la presencia simultánea de mi madre, de mis hermanas y de mi tío.

Todo opera la vez, nunca sucede solo una cosa. Mi vida se ha ido construyendo de colisiones múltiples con un ser en constante cambio.

Al acabar la carrera hice un máster en Física de Partículas, y puedo asegurar que es imposible concentrar en una sola ecuación este tipo de escenarios, donde múltiples objetos altamente dinámicos colisionan entre sí. En aquella estación de tren no iba a ser yo quien resolviese el dilema. Y recordé una frase que escuché en la película *La emperatriz rebelde*, de Marie Kreutzer. Alguien define a Sissi como un museo desordenado. Eso creo yo, que somos museos desordenados que exhibimos y almacenamos las obras más destacadas de quienes nos han precedido y aquellas que hemos hecho con nuestras propias manos. Pero la palabra clave es *desordenados*, porque se refiere a un orden imposible de comprender para nuestra humilde mente. Al menos para la mía. Esta definición me liberó, me sentí más cómoda sentada en aquel banco de la estación viendo a cientos de museos desordenados ir de un lugar a otro. Y entonces reparé en lo complejas que son las relaciones: dos museos desordenados que se fusionan. Pero ¿desde qué parte de mi museo desordenado me uno a esta persona? Y reparé también en lo compleja que es la conducta: ¿desde qué parte de mi museo desordenado he tomado esta decisión? Pocas veces integramos de forma saludable todas las salas de nuestro museo, y hay recovecos en él que nos pueden jugar malas pasadas. Atreverse a visitarlo no es tarea fácil, el desorden nos desconcierta. Pero nos trastoca aún más contemplar las obras oscuras que puede albergar nuestro corazón.

Gran parte de los problemas a los que nos enfrentamos en nuestra biografía se refieren a las relaciones con otras personas. Conflictos, separaciones, parejas tóxicas o soledad. Como muestra la «neurociencia a dos cuerpos» que acabamos de ver, la sincronización entre cerebros y corazones es uno de los mecanismos que subyace a la comunicación y unión entre personas; que construye la relación y a nosotros mismos. El vínculo que se forma con el otro depende, por lo tanto, de las vísceras de ambos. Sin embargo, solemos caer en el simplismo de pensar que nuestro cuerpo es un receptor que percibe al otro sin alterarlo. Nada más lejos: percibir es siempre interpretar. De cada situación, de cada persona construimos nuestra propia representación interna. No todas visitan las mismas salas de nuestro museo desordenado, algunas son recibidas en unas; y otras, en salas diferentes.

No vemos a dos personas con el mismo cerebro. Según la relación que nos una, se activarán en él unas redes u otras. Las redes más complejas que el otro es capaz de evocar son las asociadas a nuestra familia más íntima.* Emoción, sensación de identidad, planificación de tareas y noción del sentido de la vida están involucradas en una simple mirada a nuestros hijos. Nuestra pareja evoca la red más extendida de todas las relaciones, que incluye áreas somatosensoriales que dan cuenta de las sensaciones del cuerpo, la memoria autobiográfica y la información visceral. Percibir a nuestra pareja es un encuentro con nuestro propio cuerpo e historia. Y desde ahí creamos la unión con esa persona. Saber desde dónde nos relacionamos con el otro es quizás el gran misterio del encuentro y del desencuentro.

Nuestros museos desordenados contienen salas majestuosas. Todos albergamos dentro de nosotros auténticas obras de arte, propias de un Velázquez o de un Ribera. Pero también hay salas dentro con tapices deshilachados que no hemos podido remendar o que ni tan siquiera sabíamos que estaban ahí escondidos. Solemos identificarnos más con unas salas que con otras. Como si obviar los sótanos y las pinturas oscuras los hiciera desaparecer. Saber desde qué sala de nuestro museo desordenado recibimos al otro ya define en sí cómo es el encuentro. Viejos traumas, recuerdos, cultura y expectativas pueden abrir puertas de salas equivocadas. A veces somos nosotros quienes las abrimos desde dentro, y a veces son los otros quienes llaman a esas puertas. Por eso sigo pensando que es casi obligado pasearse por el propio museo desordenado para saber quién deambula por ahí y qué puertas hemos dejado abiertas o hemos cerrado.

Heidegger diseñó una imagen mental que a mí me ayudó mucho a comprender el encuentro con alguien o con algu-

* Por ejemplo, cuando estamos con nuestros hijos se activa una red límbico-frontal que incluye áreas emocionales, como la amígdala, la corteza cingulada anterior y diversas estructuras frontales.

na situación. Él imaginaba que las personas somos como islas unidas por puentes. El puente que une las dos islas parte, por lo tanto, de dos orillas. Desde qué orillas se ha construido el puente va a influir en el ir y venir entre islas. La misma pregunta de antes: ¿qué parte de mí es la que se ha unido a otra persona?, ¿qué parte de mí está actuando en determinada situación? De toda la costa posible, ¿desde qué lugar de nuestras orillas hemos construido el puente que nos une?

Para Heidegger es el puente lo que hace emerger la orilla; por lo tanto, el encuentro con el otro nos permite explorar nuestro litoral. Los puentes nos descubren orillas a uno y a otro lado. A veces el azar se viste de destino y nos obliga a reconocer en el otro parte de nosotros. Creo que fue Perls, fundador de la terapia Gestalt, quien dijo: «Vivimos en una casa de espejos y pensamos que estamos mirando por la ventana». La reconstrucción de un puente nos da vértigo, dice Heidegger. Y es cierto que, en el intento de desplazar el puente a otra orilla más sólida, este puede derrumbarse, más aún si solo es una de las orillas la que trabaja para desplazarlo. ¡Cuántas relaciones han fracasado porque se unían desde las orillas de la herida! Quizás esas mismas islas, unidas desde orillas diferentes, hubieran tenido otro curso. No lo sabemos. Pero no siempre conocemos desde dónde construimos el puente, y no siempre se puede desplazar. Una vez más, qué importante es conocerse.

Las fronteras de cada isla definen el lugar donde comienza nuestra esencia, dice Heidegger. Pero los puentes siempre crecen bajo nuestros pies.

La reconstrucción

«Pese a todo, señoras y señores, la vida amorosa continúa». Así comienza la teoría sobre el amor y la teoría por amor de Safranski en su libro *Heidegger y el comenzar*. La vida, siempre amorosa, continúa, y a veces toca reconstruirla. Digo a veces porque solemos planear e iniciar la reconstrucción después de guerras o crisis. *Reconstrucción* es una palabra agridulce. Amarga porque surge de un dolor que nos empuja a abandonar y dulce también, aunque pocos saborean el placer de un comienzo. Sin embargo, también creo que, si la reconstrucción se hiciera día a día, o sin esperar a los bandazos de la vida, a lo mejor nos evitaríamos y evitaríamos a los demás océanos de lágrimas; no nos abandonaríamos a la deriva como tantas veces hacemos. Hemos visto como nuestro cerebro nace con algunos mapas heredados, que seguirá o no, según un enrevesado juego entre la suerte y la voluntad. Hemos visto que las relaciones con los demás construyen también nuestra arquitectura neuronal. Y por supuesto, sabemos que nuestra historia talla el cerebro. Hasta llegar a la adolescencia, el proceso de construcción es, principalmente, ajeno a nuestra voluntad. Pero ¿en qué momento somos conscientes de que disponemos de intención? Y si lo sabemos, ¿por qué no hacemos uso de ella con más frecuencia e ímpetu?

Soy consciente de los debates científicos en torno a la libertad. Sea o no tan solo una ilusión, la voluntad nos posiciona ante la propia vida, y despreciarla es en sí una decisión. Como dice Safranski, la vida continúa, y el proceso de construcción seguirá, pero podemos intervenir en él para proteger el crecimiento, como nos sugería Heidegger. Nos adentramos ahora en la plasticidad cerebral, esa capacidad de nuestro cerebro de aprender, adaptarse y reorganizar sus redes. El cerebro es un sistema en constante construcción. Sin embargo, la plasticidad que considero más notable es la dirigida, la que empujamos con la voluntad guiada por la más noble de las intenciones.

5

Un cerebro plástico

Cuando don Santiago propuso que podemos ser escultores de nuestro cerebro, la comunidad científica no reconocía la disposición del cerebro para reconstruirse. Una vez más, Ramón y Cajal se adelantó al conocimiento de su tiempo e introdujo el concepto de «plasticidad neuronal», es decir, la capacidad de cambio del sistema nervioso, aunque el término *plasticidad* aparece por primera vez en *Los principios de psicología*, del psicólogo William James, en 1890, donde define el cerebro como «una estructura lo suficientemente débil para ceder ante la influencia, pero también lo bastante fuerte para no ceder al golpe».

Repasemos brevemente la historia de este concepto. Antes de los años cincuenta, la neurociencia establecía que una vez madurado, el cerebro perdía sus propiedades plásticas convirtiéndose en un «sistema duro» o estructura fija. Al llegar a la edad adulta la creación de nuevas neuronas y las conexiones cesaban. Los primeros investigadores que pusieron en duda la rigidez cerebral fueron el naturalista suizo Charles Bonnet y el médico italiano Michele Vincenzo Malacarne, según muestra la correspondencia entre ambos en 1780. En ella se planteaban si la estimulación cognitiva podría inducir cambios en el tamaño del cerebro. Sus experimentos se centraron en el entrenamiento de perros y pájaros, cuyos cerebros compararon con los de los hermanos que no habían recibido el mismo adiestramiento. Al morir los animales, comprobaron que el tamaño del cerebelo era mayor en aquellos a los que habían inducido un aprendizaje. Estos resultados inspiraron al doctor alemán Samuel Thomas von Sömmerring, quien escribió en 1791: «¿Podrían el uso y el ejercicio del poder mental cambiar gradualmente la estructura material del cerebro tal y como vemos, por ejemplo, cuando se ejercitan mucho los músculos, los que se vuelven más fuertes y engrosan considerablemente la epidermis? No es improbable, aunque el bisturí no puede demostrarlo fácilmente».

No hacía falta un bisturí, sino un microscopio. El mismo que le permitió a Cajal descubrir la arquitectura cerebral. Contrario a la opinión científica de su época, pudo demostrar que las neuronas que componen el cerebro están separadas una distancia minúscula pero suficiente para permitir la comunicación entre ellas. En 1894, don Santiago propone que la plasticidad se produce, precisamente, en la comunicación neuronal. Así lo describió en una conferencia impartida en la Royal Society de Londres: «Podríamos decir que la corteza cerebral es como un jardín plantado con innumerables árboles, las células piramidales, que, gracias al cultivo inteligente, pueden multiplicar sus ramas y hundir sus raíces más profundamente, produciendo frutas y flores de una variedad y calidad cada vez mayores».

Sus observaciones pasaron desapercibidas a una comunidad que seguía considerando el cerebro como un «sistema duro». Fue en 1960 cuando los investigadores David Hubel, Torsten Wiesel y Paul Bach-y-Rita encontraron las primeras evidencias en el cerebro humano adulto de la reorganización cerebral. Sus experimentos, posteriormente popularizados por el español Álvaro Pascual-Leone, mostraban que una persona a la que se priva voluntariamente de visión tapándole los ojos durante unos pocos días experimenta cambios en las áreas visuales del cerebro para adaptarse a la nueva situación, fortaleciendo funciones de compensación. El cerebro es un sistema que ha evolucionado para cambiar; esta es una de sus propiedades intrínsecas.

Veamos ahora cómo opera la plasticidad neuronal. Para ello debemos repasar muy brevemente la anatomía básica de una neurona.

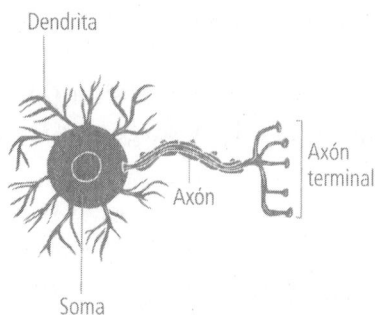

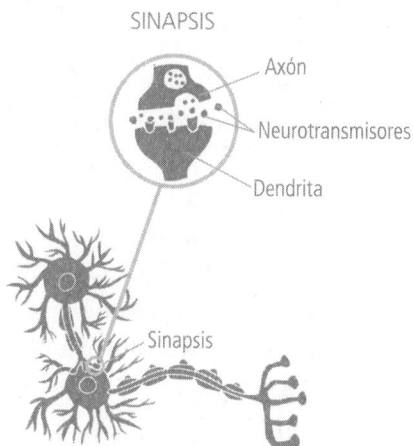

Anatomía de una neurona.

La unión entre neuronas y detalle de la sinapsis.

Las células nerviosas, o neuronas, están formadas por un cuerpo llamado *soma,* del que parten unas ramas y una raíz: las *dendritas* y el *axón,* respectivamente, según la nomenclatura de Cajal. Las dendritas reciben la información física y química de otras neuronas, mientras que el *axón* transmite dicha información. La unión entre neuronas, es decir, la fusión de una dendrita y un axón, se denomina *sinapsis,* y debemos su caracterización al fisiólogo inglés Charles Sherrington. La plasticidad neuronal ocurre ahí, en la sinapsis.

Ahora podemos definir con mayor concreción la plasticidad neuronal como la capacidad del cerebro de formar o reorganizar nuevas conexiones neuronales.

Plasticidad y aprendizaje son sinónimos. Para comprender el alcance de la plasticidad, comencemos por un caso sencillo: el aprendizaje de un número, por ejemplo, la clave para acceder a nuestro nuevo teléfono. La primera vez que lo escuchamos se produce en nuestro cerebro, en el hipocampo, una red de neuronas que sostiene momentáneamente dicha información. Ese será, a partir de ahora, el circuito neuronal que memoriza ese número. En el cerebro, la información no la custodian las neuronas, sino las redes de neuronas. Una red neuronal está compuesta por un determinado e ingente número de estas y surge por las conexiones entre ellas.

Veamos un ejemplo muy básico: una red formada por tres neuronas, donde la neurona 1 se comunica con la 2 y con la 3 (en la ilustración, Circuito 1). Otra posible red sería la formada por esas tres neuronas, pero en este caso la neurona 1 se comunica exclusivamente con la neurona 2, no con la 3 (en la ilustración, Circuito 2).

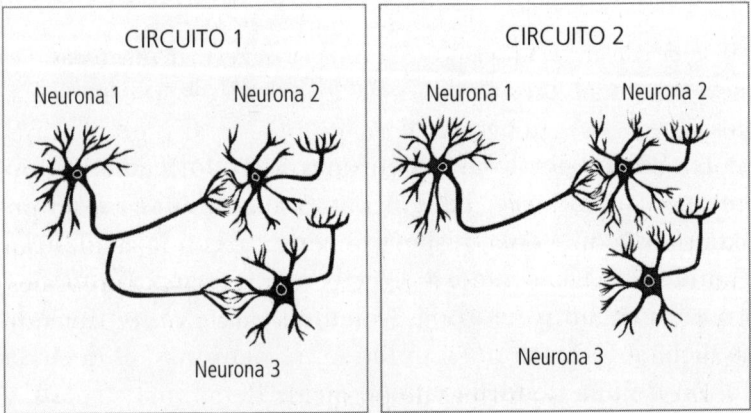

Dos ejemplos de redes neuronales básicas.

Estas mismas tres neuronas pueden formar diferentes redes. Es la red, el patrón de conexiones, lo que importa. «Lo importante no son sus células, sino la conexión entre ellas», afirmaba ya Cajal. El circuito o red neuronal que conserva el número que debemos memorizar es, inicialmente, débil. Es decir, las conexiones sinápticas entre las neuronas que lo componen son frágiles y, por lo tanto, pueden romperse. Una simple distracción y habremos olvidado el número. El uso recurrente de ese número, su repetición, hará que las conexiones de esa red sean cada vez más firmes, hasta el punto de asegurar el recuerdo del dichoso número. Por ejemplo, el que vela por nuestro nombre está compuesto por sinapsis de una fuerza a prueba de bomba, mientras que aquel que guarda un dato histórico que hemos escuchado en una aburrida conferencia estará formado por conexiones tan débiles que se las podría llevar el viento. Por supuesto, la motivación y el interés son factores de reforzamiento sináptico. Nuestro cerebro es más plástico cuando algo nos interesa, nos agrada. Pero, en general, para memorizar, necesitamos repetir. La repetición consolida un recuerdo porque refuerza las conexiones sinápticas en cada intento. Es la base del aprendizaje, la repetición. Sin embargo, nadie sabe cómo olvidar.

Como vemos, los circuitos conservan la información en el cerebro. Hablamos de redes neuronales formadas por cientos de miles de neuronas, con complejísimas arquitecturas. Pueden contener neuronas de estructuras cerebrales diferentes, por ejemplo, estableciendo alianzas entre el hipocampo y la amígdala. Así como existen redes formadas por neuronas, existen otras formadas por regiones cerebrales. La plasticidad opera creando, modificando o destruyendo esas redes.

Existen cuatro formas de plasticidad:

Reforzamiento, basada en el aumento de la fuerza de la conexión sináptica entre las neuronas del circuito. No cambia el circuito, solo se hace más fuerte su comunión. Es el caso en el que fortalecemos algo que acabamos de aprender.

Reconexión, basada en la incorporación de nuevas neuronas a una red ya existente. Esto ocurre por ejemplo cuando ampliamos alguna información, cuando establecemos asociaciones.

Reorganización, que supone una reestructuración de la red, donde se eliminan algunas conexiones y se crean otras. Es una de las formas más complejas de plasticidad porque implica procesos selectivos de poda neuronal y crecimiento sináptico. Entraña un cambio de mirada, no de objeto.

Sustitución, que implícitamente conlleva la aniquilación de otro circuito. Cuando dos circuitos neuronales compiten por la misma información, sobrevivirá aquel que tenga las conexiones más fuertes, el que hayamos reforzado más con su uso. No podemos olvidar, podemos sustituir.

Aunque la plasticidad cerebral es una propiedad nerviosa conocida desde hace décadas por la comunidad científica, paradójicamente, nos siguen sorprendiendo los cambios y aprendizajes que somos capaces de adquirir. Observamos con aceptación y casi exigencia el crecimiento de una planta, esperamos al curso de las estaciones para disfrutar de sus frutos, pero cuando se trata de nuestro cerebro, las sospechas y la impaciencia marcan nuestro talante.

6

La confianza en el cerebro

Durante unos años trabajé en un proyecto conjunto entre la Universidad Complutense de Madrid y la empresa finlandesa Elekta, dedicada a diseñar máquinas de bioingeniería. Mi trabajo se centraba en desarrollar y validar algoritmos matemáticos para estudiar los campos magnéticos del cerebro. He de ser sincera y reconocer que, al principio, no me gustaba nada la idea de dedicarme a implementar ecuaciones soporíferas. Las matemáticas asfaltan el camino del conocimiento científico, pero es fácil perderse en sus carreteras y volverse ciego al paisaje. Yo quería encontrar alguna pista sobre la mente humana y, desde luego, aquel trabajo no parecía el lugar donde encontrarla. Sin embargo, la sorpresa llegó en uno de los viajes a Helsinki. Allí conocí a un médico neurólogo, el doctor Anto Bagić, de la Universidad de Pittsburgh. Su labor clínica y su investigación se centraban, principalmente, en la predicción de crisis epilépticas, pero acababa de iniciar un fascinante proyecto que se convirtió en una gran lección de vida para mí.

Meses antes, un ciudadano estadounidense llamado ficticiamente Paul había sufrido un accidente laboral que le amputó las dos manos. El hospital y la universidad fueron los encargados de llevar a cabo una sofisticada cirugía para restituir los dos miembros. El equipo del doctor Bagić quería analizar la actividad cerebral de Paul antes de la operación y, una vez al mes, después del doble trasplante. En concreto, se quería observar en qué momento la corteza somatosensorial —área localizada en el lóbulo parietal del cerebro relacionada con la recepción de la sensación del cuerpo y su movimiento, entre otras— de Paul recuperaba la sensación de la mano y su capacidad para coordinar sus movimientos y, para ello, necesitaba una neurocientífica que supiera implementar las complicadas ecuaciones matemáticas que se requerían: ¡yo!

Así que, vez medida la arquitectura cerebral inicial, debía comprobar, mes a mes, si el cerebro de Paul daba cuenta de nuevo de la existencia de las dos manos. Él, entregado a su recuperación, asistía cada día a las sesiones de rehabilitación y el equipo anotaba sus avances. Primer mes, nada. Segundo mes, nada. Tercer, cuarto y quinto mes, lo mismo: nada. Paul seguía teniendo literalmente las dos manos colgadas de sus brazos. No podía moverlas ni un milímetro. No percibía ninguna sensación. Pese a ello, seguía con su rehabilitación. La frustración, la rabia, la desesperación y el agobio eran patentes en su gesto, en su relación con la familia y hasta en el trato con el personal sanitario. Pero al sexto mes, el dedo meñique de su mano derecha se movió hacia el vaso de agua que reposaba en su mesa. A partir de ahí cada día se observaba un avance. Al cumplirse un año de la operación, y después de más de trescientos durísimos días de rehabilitación, Paul podía mover las manos. Como estábamos en Estados Unidos, el vídeo que recogía tan memorable momento lo mostraba sujetando una lata de Coca-Cola.

Lo que a mí me llamó la atención de esta historia no es el éxito de la operación o la capacidad de recuperación del cerebro, que también, sino el acto de confianza que supone cualquier proceso de superación. Los primeros cinco meses, Paul no veía el más mínimo resultado a su arduo esfuerzo. Sin embargo, su cerebro mostraba un progreso épico desde el principio. Para que el cerebro pueda volver a tomar el control de las manos se requiere de un complejo proceso de recableado, que va desde los nervios hasta las neuronas de la corteza cerebral. Recordemos que la plasticidad supone la creación de nuevas conexiones, crear nuevos puentes. E imaginemos ahora a las neuronas de Paul, cada una extendiendo sus ramas y raíces. Hasta que las dendritas y los axones se tocan, no hay unión y, por lo tanto, no hay función. Hasta que no se produjo la creación de nuevas sinapsis, Paul no pudo mover la mano. Eso ocurrió a los seis meses de la operación. Sin embargo, su cerebro estuvo trabajando incansablemente durante ese tiempo para que ocurriese. Él se sentía frustrado durante los primeros meses, como lo estaríamos todos, pero lo que no veía era a esas dendritas y a esos axones intentando unirse, día a día, con el gran coste que eso supone. Cada sesión de rehabilitación acercaba un poco más a las neuronas.

El cerebro nos oculta el proceso de construcción, solo nos muestra los resultados. Y eso desalienta a la tenacidad, que se define como la persistencia ante los desafíos, y la región cerebral más involucrada en ella es la corteza cingulada media anterior (aMCC, de sus siglas en inglés). Debido a su posición anatómica de intersección de diferentes redes cerebrales, la aMCC integra información relacionada con la interocepción —saber dónde está nuestro cuerpo en el espacio—, la alostasis —proceso por el cual, en situaciones exigentes o de estrés, el cuerpo mantiene el equilibrio—, las funciones ejecutivas, la planificación motora y la integración sensorial. Esto la convierte en un centro de evaluación de los costes y las recompensas. Es la que juzgará si un esfuerzo está mereciendo la pena. Según el modelo propuesto por la investigadora de la Facultad de Medicina de Harvard, Lisa Feldman Barrett, la aMCC actuaría como una balanza entre las recompensas esperadas y los recursos fisiológicos disponibles. De esta forma, cuando el esfuerzo excede las demandas corporales, la tenacidad se desvanece. Esto explica por qué la falta de sueño, el cansancio, el estrés o la ingesta de sustancias adictivas entorpecen a la fuerza de voluntad. Estudios de neuroimagen han mostrado que el fortalecimiento de la aMCC se asocia a un comportamiento más tenaz, pero también a la respuesta del cuerpo. Por el contrario, la pérdida de coordinación neuronal de la aMCC se asocia a la apatía y a algunos trastornos de salud mental. Prácticas como la meditación, el ejercicio físico, alimentar la curiosidad intelectual o las técnicas de respiración ayudan a reforzar esta estructura cerebral.

La acción de la aMCC es muy evidente cuando realizamos un esfuerzo cuyos beneficios se observan a corto plazo. El problema reside en aquellas empresas cuyos frutos maduran a medio o largo plazo. La aMCC está involucrada en los sistemas de predicción del cerebro, que es muy eficiente a la hora de predecir eventos cercanos, pero suele equivocarse en la distancia. Según estudios recientes, el error en la predicción del esfuerzo tiene un sesgo de infravaloración: más del 85% de las personas estudiadas subestiman el esfuerzo que conlleva cualquier tarea. Tener en cuenta esta tendencia tan humana nos ayuda a compensarla. Casi siempre costará un poco más de lo que hemos pensado. Cuanto más lejana sea la meta, mayor es el sesgo de infravaloración. Tenemos más acierto en las metas pequeñas.

La aMCC no solo estima el esfuerzo que supone un reto, también evalúa la ganancia. Para ello se vale de los sistemas de recompensa del cerebro, que asocian la sensación obtenida con el empeño. Es un aprendizaje de Pávlov muy sencillo: si hago esto, me produce placer, por lo tanto, apuesto por esa acción; si hago aquello y no veo resultados o siento frustración, la evito. Son sistemas muy simples, basados en la liberación de dopamina, y buscan sacar rédito a sus negocios.

Así pues, las expectativas también influyen en el aprendizaje de un nuevo hábito. Como infravaloramos el esfuerzo, tendemos a amplificar las expectativas. Si la ganancia es superior a lo esperado, la aMCC consolida ese hábito. Por el contrario, si el beneficio es menor de lo que esperábamos, tiende a debilitarlo. Es decir, planteémonos metas a corto plazo y expectativas realistas.

Un detalle para el optimismo: los marcadores de plasticidad sináptica de la aMCC son altos, lo que asegura la capacidad de aprendizaje de esta estructura. La tenacidad engendra más tenacidad; es decir, se entrena. Pero cuando falla, es la confianza la que nos mantiene de pie en un camino que se va haciendo al andar. La aMCC es la estructura más involucrada en la tenacidad que necesitamos para consolidar un proceso de transformación. Pero es una tenacidad condicionada a la recompensa que vamos a obtener. Sin embargo, la confianza incondicional reside en otro lugar del cerebro, exactamente en el área septal, una región ubicada en el lóbulo frontal del cerebro. Esta región es clave para la regulación de las emociones, ya que entre sus funciones está la de inhibir la amígdala y activar el hipocampo, lo que genera una disminución de la sensación de alerta. Su principal función es la de moderar tanto el placer como la inquietud, siendo la base anatómica del tan deseado equilibrio.

La confianza incondicional llega cuando disfrutamos de cierta estabilidad, de ecuanimidad, de calma. ¿O es al revés?: ¿la calma nos permite confiar incondicionalmente o es la confianza incondicional la que nos da calma? Quizás ambas.

Crecer es más cuestión de confianza que de tenacidad.

Capítulo uno
Voy andando por la calle,
hay un agujero profundo en la acera.
Me caigo.
Estoy perdida.
No sé qué hacer.

No es culpa mía.
Tardo siglos en salir.

Capítulo dos
Voy por la misma calle,
hay un agujero profundo en la acera.
Hago como que no lo veo.
Me vuelvo a caer.
No puedo creer que me haya caído en el mismo sitio.
Pero no es culpa mía.
Tardo bastante tiempo en salir.

Capítulo tres
Voy por la misma calle,
hay un agujero profundo en la acera.
Veo que está ahí.
Me caigo.
Es un hábito.
Pero tengo los ojos bien abiertos.
Sé dónde estoy.
Es culpa mía.
Salgo rápidamente.

Capítulo cuatro
Voy por la misma calle,
hay un agujero profundo en la acera.
Lo esquivo.

Capítulo cinco
Voy por otra calle.

PORTIA NELSON,
«Autobiografía en cinco capítulos»

III

HABITAR

1

El traslado de A. H.
a San Cristóbal

«¿Por qué Heidegger es tan importante para mí? Porque nos enseña que somos los invitados de la vida. Y
tenemos que aprender a ser buenos invitados».
Entrevista de Borja Hermoso a George Steiner,
en *La conversación infinita*

George Steiner fue un filósofo y crítico de literatura inglés
nacido en 1929 en el seno de una familia austriaca de origen
étnico judío. Su currículum llenaría varias páginas de este libro, pero podría resumirlo en una línea: uno de los grandes
intelectuales y eruditos de nuestra época. Para mí, un sabio
entre los sabios. Aquel que puede resumir las lecciones de
los maestros porque su biblioteca sostiene más de diez mil
libros y sus ojos no han abandonado la mirada curiosa, pero
siempre amorosa. Aquel que es tan humilde que se considera tan solo el cartero que nos trae un correo con lo que otros
han pensado. En 1985, publicó una breve novela titulada *El
traslado de A. H. a San Cristóbal*.

En este relato imaginado por Steiner, un grupo de justicieros israelíes emprende un viaje a la selva amazónica de

Brasil. Los servicios secretos aseguran que Adolf Hitler logró escapar de su búnker y se ha escondido en lo más profundo de la jungla, en la frontera entre Brasil y Paraguay. Su misión consiste en encontrarlo y entregarlo vivo a la justicia. Víctimas y verdugo viajan varios días por las ciénagas amazónicas hasta llegar al pueblo de San Cristóbal, desde donde Hitler, llamado en clave A. H., será trasladado a Israel para ser juzgado.

El relato de Steiner no se centra en el rescate del maligno, ni siquiera en el propio Hitler, sino en la odisea personal que supone encontrarse con aquello que tanto se teme. Mirar a los ojos al miedo, al odio, y sentir la rabia por la sed de justicia. A. H. representa en su persona la exageración de lo peor del ser humano, y es en esa caricatura de la psicología donde podemos indagar sobre rasgos comunes que en nosotros están menguados y, por lo tanto, más escondidos. Pero, a decir verdad, en la novela no me interesa Hitler, sino los que deben mirarlo a los ojos. Hitler bien podría representar en este relato a aquel que nos daña, pero también aquello que vive agazapado en nosotros y nos impide caminar. Hay cosas que nos aterra ver, fuera y dentro. Los protagonistas auténticos son los justicieros que deben trasladar a A. H. a San Cristóbal, los que han ido a buscarle, los que se han atrevido a hablarle y aún más difícil, a escucharlo; y los que han tenido el coraje de llevarlo a hombros hasta el lugar en el que será juzgado. Podrían ser cualquiera de nosotros, en una de las muchas situaciones en las que la vida nos reta a buscar a nuestro A. H. para conocerlo primero, y después colocarlo en el lugar que le corresponde.

—Tú.
El anciano se mordió los labios.
—Tú. ¿No me equivoco? *Shemá*. En el nombre de Dios. Mírate. Mírate ahora. Tú. El venido del infierno.

El anciano alzó los ojos y parpadeó.

—Ich?*

Pero, ¿a quién le preocupaba ya Hitler treinta años después? Ante la noticia de que se hallaba aún vivo surgió entre los protagonistas una euforia que los arrojaba a la acción. Cada uno de ellos hubiera sacrificado su vida por capturar al responsable de tanto dolor. Pero se hallaba escondido en medio de la selva y, para encontrarlo, había que atravesar pantanos infectos, recorrer interminables distancias bajo una desalmada humedad, soportar un sinfín de picaduras y tolerar la insoportable incertidumbre del éxito de la misión. Llegar a él era solo la mitad del camino. Una vez encontrado, habría que llevarlo a cuestas de vuelta a San Cristóbal. Hitler era ya un viejo de casi noventa años, incapaz de mantenerse en pie. Para entregarlo había que desandar ese mismo camino llevando, esta vez, una camilla a los hombros: el dolor se porta en la espalda. Ante un panorama tan desolador, los protagonistas comienzan a preguntarse si realmente vale la pena tanto esfuerzo. «Aquí, vaciando nuestra vida en esta jungla apestosa, no hacemos en realidad sino cumplir sus órdenes, cuando podríamos rehacernos y olvidar», se plantea uno de los justicieros.

Es muy humana la oposición a la lucha, al sufrido esfuerzo, a enfrentarse al conflicto con el otro o con uno mismo, aunque sepamos que la posible recompensa bien merece la pena. Es un camino lleno de fotografías con recuerdos, de espejos que reflejan a veces caras que no reconocemos, y de puertas que no sabemos a dónde nos conducen, y hay que tener coraje y humildad para emprender ese camino. La idea motiva y estimula, pero los escollos del sendero a veces nos paralizan.

* *Shemá* es una plegaria judía, significa «escucha»; *Ich*, «yo» en alemán.

La resistencia a iniciar un camino de introspección o de conocimiento de la fuente del dolor se conoce en el campo de la psicología desde sus inicios con Freud o James. Los primeros estudios documentaron ya la ansiedad asociada a los procesos de autoevaluación o exploración de la biografía, dando cuenta de la tendencia que tenemos a conservar la imagen de nosotros mismos, aunque no sea nuestra mejor versión.

El profesor Roy F. Baumeister, de la Universidad de Harvard, es uno de los referentes en las teorías de la protección contra la introspección. Según sus estudios, entre las formas en las que se presenta esta resistencia está la justificación o elaboración de excusas, en apariencia muy razonables, que nos eximen del esfuerzo, la negación del problema o la atribución a otra persona de nuestra responsabilidad. Lo de culpar al otro parece más común de lo que pensamos. La última excusa que se ha incorporado a la literatura científica es la de la hiperactividad, es decir, mantenernos ocupados con cientos de actividades antes de sentarnos en silencio y con calma ante nuestra mirada en el espejo.

Hay un dato que me resulta especialmente interesante; en una encuesta realizada a pie de calle la mayoría de las personas no sabría definir *introspección*. No pertenece a nuestra cultura el hábito de «mirarnos adentro»: no es otro que este el significado de la palabra según su origen, la latina *introspicere*. Académicamente, la definición de introspección es el acto de observación que una persona realiza de su propia conciencia. Sabemos que hay una resistencia natural a ella, pero está en nuestra mano saltar esa valla inicial en pos del crecimiento. Hay mucho aprendizaje entre esos pantanos apestosos. «¡No dejéis que Hitler muera en el camino, cuidadlo con más ternura que si fuera el último descendiente de Jacob, tiene mucho que contarnos!», dice, imperativo, el general de la misión. Parece que está en lo cierto: nuestras partes oscuras tienen mucho que contarnos. Atender a nuestro interior tiene un fuerte impacto en nuestra salud física y emocional, mientras que evitar enfrentarse a aspectos complicados de uno mismo está relacionado con alteraciones psicológicas medias y severas, además de su repercusión en la vida familiar y social.

La introspección también tiene su asiento en el cerebro. La capacidad de observar y discriminar entre nuestras acciones y decisiones se correlaciona con el volumen de la materia gris de la corteza prefrontal anterior y su conexión con la materia blanca. Como recordatorio, la materia gris representa la densidad de cuerpos neuronales o somas, mientras que la materia blanca es la concentración de axones y dendritas. Según un estudio publicado en la revista *Science* por el grupo de investigación del terapeuta Kevin Reel, de la Universidad de Toronto, la diferencia entre la capacidad introspectiva de unas personas y otras reside en el desarrollo de esta región cerebral.

Hay que tener en cuenta que la corteza prefrontal tiene un papel fundamental en la evolución del cerebro, siendo la última en aparecer y considerándose la base de las funciones superiores o más complejas del cerebro humano. Esta región está implicada en los llamados procesos de control de alto nivel de la cognición o de la metacognición. Integra información subcortical, no consciente, de toma de decisiones, memorias autobiográficas y estado visceral. Está involucrada en procesos de atención e intención, evidentemente. Pero hay una característica que considero especialmente relevante aquí: la corteza prefrontal anterior sopesa la valoración subjetiva con el desempeño objetivo que requiere la acción que vamos a llevar a cabo.

En el relato de Steiner, el cerebro de los protagonistas consideraría suicida o absurdo pasar por semejante calvario para hacer justicia a un viejo malvado. La recompensa no es segura ni a corto plazo, y el precio metabólico y psicológico del viaje se sabe alto desde el principio. Lo mismo pensaría nuestro cerebro ante una mirada interior que promete traer algún que otro quebradero de cabeza. Pero, afortunadamente, la corteza prefrontal recibe las fibras nerviosas que proceden del corazón (*aferentes*), y en esa conexión cardioneuronal nace la valoración subjetiva, lo que da significado a la empresa que vamos a emprender. El camino ya tiene un sentido, siempre subjetivo, que supera a la valoración objetiva. Y eso se hace desde el corazón, de ahí lo de tener valentía, coraje (un extranjerismo tomado del francés, *courage*, cuya raíz es la latina *cor*, «corazón»).

No solo hay que ser tenaz y confiar, también hay que ser valiente.

Un estudio publicado en la revista *Brain* en 2019 mostraba que pacientes con lesiones en la corteza prefrontal anterior muestran déficits de subjetividad en comparación con los controles, que dejan inalterada la valoración objetiva. Esta idea respaldaría la hipótesis de que el volumen de materia gris prefrontal desempeña un papel causal en la metacognición o mirada introspectiva. Sin embargo, estos estudios, lejos de ser deterministas con la biología, defienden la naturaleza plástica de la metacognición: aunque hay diferencias anatómicas innatas entre las personas, la experiencia y el aprendizaje pueden entrenar a esta región para reforzar o educar la capacidad introspectiva en el cerebro adulto humano. El crítico de arte John Berger decía que «la clave es volver a mirar como si fuera la primera vez, pero sin olvidar lo aprendido». ¡Qué alivio saber que podemos aprender a mirarnos! Que tengamos la intención es otra cosa.

Reforzar la actividad de la corteza prefrontal supone, evidentemente, hacer uso de sus funciones. Entre ellas la de acompañar a la atención. La Universidad de Londres (UCL), en un estudio liderado por mi buena amiga la doctora en Psicología María Herrojo Ruiz, publicó en 2021 un estudio sobre los mecanismos cerebrales involucrados en dicha mirada interior. Sus resultados, con electroencefalografía, mostraban que las ondas alpha son claves en la sensación de confianza en nuestra introspección o en nuestras decisiones. La aparición de ondas lentas en el cerebro contrarresta la tendencia neuronal a la divagación mental, especialmente en situaciones de valoración de uno mismo. Ese efecto escurridizo del cerebro con el que tantas veces debemos lidiar. De estos experimentos, podríamos concluir, como de tantos otros, que la calma mental es la antesala indispensable de una buena acción. Técnicas de relajación, como las que nos puede proporcionar la respiración, propician la aparición de ondas lentas en el cerebro. Será por deformación profesional, seguramente, pero la cantidad de veces que aparece la palabra *respiración* en el relato de Steiner es sorprendente, ¿o no?

Una vez emprendido el temible sendero, los protagonistas comienzan a padecer el precio del esfuerzo. Las conversaciones entre ellos son cada vez más tensas y diría que hasta superficiales. Lo peor del camino es perder en él la intención de aprendizaje, olvidarse de su sentido. Ahí llega la desesperanza. No todo el mundo ve en el bosque la leña para el fuego, decía Goethe. La introspección conlleva la capacidad de formar nuevas creencias que sustituyen a las previas. Hemos visto que depende, principalmente, del volumen de materia gris de la corteza prefrontal anterior, pero ¿cómo se genera un nuevo aprendizaje desde esa mirada interior? Aquí interviene la mielina. Aprovechando una técnica de mapeo cerebral de alta resolución, capaz de encontrar una aguja en un pajar, un consorcio de universidades de Inglaterra y Alemania identificó las características histológicas propias de la capacidad introspectiva y de su aprendizaje. Sus resultados mostraron que la mielina presente en regiones como la corteza prefrontal anterior —precúneo, hipocampo y cortezas visuales— está relacionada con la habilidad para observarse y aprender de lo observado. La mielina es una capa aislante de proteínas que favorece la transmisión del impulso eléctrico entre neuronas, facilitando la comunicación neuronal. Es la base química del aprendizaje metacognitivo, el que se obtiene como consecuencia de la introspección y nos permite encontrar y después establecer nuevas formas de conducta. La introspección también requiere reflexión. Es el momento en que A. H. es entregado para ser juzgado a la luz del conocimiento y puesto en el lugar que merece.

El sendero que nos conduce a nuestro propio San Cristóbal es un camino curioso. Parece que cuanta mayor sea la capacidad del caminante, más empedrada es la senda. Los cerebros de aquellas personas que tienen más capacidad de introspección asignan más recursos neuronales a este proceso y, por lo tanto, lo viven con mayor intensidad emocional. Las emociones negativas pueden serlo más aún para aquellos con alta capacidad de metacognición, reza el artículo publicado en *Frontiers in Psychology* en 2013.

Aviso a navegantes: la mirada interior supone un precio psicológico proporcional a la fuerza del viajero, pero tan enriquecedor como su coraje. Sin duda, lanzarse al mar en la tormenta es solo de valientes. Abandonar la tierra firme, por incómoda que sea, supone una apuesta arriesgada. Parece que es la orilla la que se aleja cuando comenzamos a navegar; en realidad, somos nosotros los que nos alejamos, sin saber, además, a dónde nos dirigimos. El cerebro se enfrenta a una situación donde la recompensa es lejana, incierta y muchas veces invisible o sin forma.

Gran parte de los retos psicológicos comienzan para escapar de un lugar, no siempre porque se tenga claro a dónde se quiere llegar. Un objetivo impalpable es, neuronalmente, una abstracción a la que nuestro cerebro difícilmente dedicará sus recursos.

Siempre me ha sorprendido con cierta extrañeza nuestra admiración por los héroes o heroínas de la historia, los que se enfrentan a legiones enteras, las que vencen a monstruos de cien cabezas, los que atraviesan océanos en tempestad o las que conquistan lunas. ¿Acaso no lo hacemos cada uno de nosotros en nuestras guerras internas? Los escenarios no son tan épicos, eso es verdad. Las grandes batallas y victorias pueden darse en el salón de casa, en un hospital, en una consulta o en la conversación en una mesa de la terraza de un restaurante. Atreverse depende de nosotros. «Y lo que nos empuja a hacerlo es la voluntad, la presencia; y el verdadero obstáculo que cada cual lleva dentro de sí, como una lepra oculta, que no hace más que crecer, es la indiferencia», dice Steiner, dice Ramón y Cajal, y han dicho muchos otros durante milenios. Y a mí me parece cierto.

2

Las dos orillas
de la experiencia

No he contado cómo acaba *El traslado de A. H. a San Cristóbal*. Al final, Hitler confiesa en el juicio: «Los judíos inventaron la conciencia y convirtieron al hombre en un siervo culpable. El judío representa la mala conciencia de la humanidad —la culpa— y por ello era preciso deshacerse de él». La embestida despiadada del cobarde a su sentido de la culpa. Años después, Steiner nos cuenta que su relato imaginado pretendía resumir el gran problema de la humanidad: no querer enfrentarse a la pregunta por el sentido de nuestra propia existencia. Para encontrarle sentido, nos dice, «hay que atreverse a experimentar la vida».

Pero ¿a qué se refiere con eso de «experimentar la vida»? ¿Acaso no lo hacemos a cada segundo, puesto que estamos vivos? Parece que no, que requiere del acto de ser consciente, de estar presente. Nuestra conducta no siempre conlleva consciencia. Es más, casi la mitad del tiempo que estamos despiertos nos conducimos por actos de los que no somos conscientes. Es lo que se llama «vivir en piloto automático», y lo hacemos frecuentemente.

En 2001, el profesor Marcus Raichle, de la Facultad de Medicina de la Universidad de Washington, publicó uno de los estudios más citados de la neurociencia en la famosa revista *PNAS*, titulado «A Default Mode of Brain Function» [El modo por defecto de la función cerebral]. El doctor Raichle y su grupo de investigación habían logrado identificar el estado *basal* —el que tiene durante el reposo— del cerebro, al que tiende cuando no está involucrado en el desempeño de una tarea. Repasemos la historia de cómo se llegó hasta ahí, para comprender su relevancia. La ciencia que describe la función cerebral se basaba, hasta hace pocas décadas, en la idea de que el cerebro es un sistema que ejecuta, o computa, órdenes para realizar tareas concretas. Por ejemplo, cuando el cerebro recibe un estímulo auditivo que debe interpretar y actuar en consecuencia. O, como está haciendo en este mismo momento, cuando recibe un estímulo visual en forma de palabras que reconoce y a las que da sentido. Así pues, los campos de la psicología y la neurociencia cognitiva se centraban, principalmente, en estudiar el cerebro cuando está realizando alguna tarea como piedra angular para explorar cómo funciona el cerebro. En este contexto, los procesos psicobiológicos que no estuvieran relacionados con la tarea en cuestión se consideraban «ruido experimental» que había que desechar, lo que provocaba que los experimentos se diseñaran para minimizar ese ruido. Las personas cuyo cerebro se estudiaba no podían parar un solo segundo de hacer tareas, no fuera que el cerebro se pusiera a emitir aquel ruido que tanto molestaba.

Esta era, en líneas generales, la secuencia: llegaba el sujeto del estudio al laboratorio, se le colocaban los electrodos pertinentes o se le introducía en la máquina que mide la actividad cerebral. Una vez allí, se le pedía que hiciera algo; por ejemplo: «Por favor, lea las palabras que irán apareciendo en la pantalla». En el momento en el que pronunciaba la primera palabra, la máquina comenzaba a grabar la actividad cerebral. Con esas imágenes, los investigadores identificaban qué regiones cerebrales están involucradas en la lectura y cómo lo hacen, entre otras cosas. Solo importaba el cerebro cuando está realizando tareas, cuando está respondiendo al mundo exterior. Lo que hiciese el cerebro momentos antes de ejecutar la tarea no era importante, era ruido.

La hipótesis detrás de esta idea es que el cerebro solo «funciona» cuando realiza una «función», valga la redundancia. Solo se manifiesta cuando ejecuta, si no se apaga. Lo podemos ver más claro en el caso de una neurona, por ejemplo, del sistema visual: hasta hace poco se pensaba que si no estamos viendo nada, esa neurona estaría en silencio y solo emitiría actividad eléctrica cuando tuviera que procesar un estímulo visual, es decir, cuando tuviera una función que realizar.

La sorpresa llegó con los experimentos de Raichle. Su curiosidad lo llevó a indagar en la actividad del cerebro cuando «no hace nada». Volvamos ahora a la secuencia del experimento: llega el sujeto de estudio al laboratorio, se le introduce en la máquina de medición cerebral y espera a que le den instrucciones sobre lo que debe hacer. En este caso la máquina no comienza a grabar cuando aparece la primera tarea, sino unos minutos antes, cuando la persona no tiene órdenes concretas y queda, por lo tanto, a la deriva de su voluntad. Lo interesante aquí era ver qué hace el cerebro cuando no sabe qué hacer, cuando no hay una tarea concreta que realizar. ¿Qué hacemos cuando no debemos hacer nada? Pensándolo bien, la situación se antoja muy interesante para conocer nuestras propias tendencias, nuestra naturaleza intrínseca o nuestro modo por defecto de ser y estar. Dejarse a la deriva es un escenario muy seductor para cualquier investigador.

Lejos de lo que se esperaba, se observó que el cerebro no se apaga a la espera de una tarea, sino que desarrolla involuntariamente una gran actividad. Es la «vida privada» del cerebro, como cariñosamente la llamó Raichle, aunque su nombre técnico es «modo de defecto cerebral» (*default mode of the brain,* en inglés).

Esta actividad, no relacionada con la tarea a ejecutar, era lo que se había considerado «ruido». Veamos por qué.

Cuando ejecutamos una tarea, por ejemplo, leer como ahora mismo estamos haciendo, varias regiones del cerebro deben orquestarse meticulosamente. Es el *principio de sincronización cerebral.* Cualquier tarea requiere de la coordinación de cientos de miles de neuronas que deben coordinar sus impulsos eléctricos, es decir, disparar o emitir descargas a la vez, como un grupo de percusionistas que aporrea sus tambores al unísono: ¡pam, pam, pam, pam! Lo pueden hacer muy rápido, unas cien veces por segundo, o muy lento, una por segundo; depende de la melodía. Depende de la tarea. Pero lo que es imprescindible para que esta se realice es que las neuronas ordenen su actividad. *Ordenar* es la palabra clave. Por lo tanto, el estado neuronal, cuando no estamos realizando una tarea, es desordenado, de ahí que se le denominase «ruido».

Imaginemos un desfile militar. La ejecución de una tarea sería similar a cuando los soldados forman fila y marchan todos a la vez, uno tras otro, a la misma distancia siempre. No son muchos seres diferentes, sino una unidad. La sincronización de los soldados podría llegar a ser tan alta que se dice que hasta podrían derribar un puente. Orden. Pero cuando rompen filas, cada uno recupera su identidad. Uno se agachará a abrocharse el zapato, el otro se colocará la boina, el de allí se dará una paseo o a lo mejor se quedará quieto. Impredecible e indescriptible. Ruido.

La llegada de una instrucción acompasa la actividad neuronal en un fino orden, proceso muy similar entre las personas. Lo que hace nuestro cerebro para procesar una imagen visual, por ejemplo, es muy semejante a lo que hace el de otra persona. Por eso funciona la estadística. Sin embargo, cuando la instrucción cesa y se rompe el orden, cada uno es como simplemente es. Reina el desconcierto y la diversidad, que también alberga mucha belleza y riqueza.

Una nueva anécdota de Albert Einstein para ilustrar este principio de funcionamiento neuronal. Se cuenta que, al acabar una de sus conferencias, se dirigió al organizador del evento y le dijo: «Creo que nadie ha entendido nada, pero lo importante es que en ese intento por comprenderme o al menos escucharme, han ordenado un poco sus cerebros».

Como vemos, el pensamiento o la ejecución consciente de una tarea ordena nuestro cerebro, ya que, si comparamos la actividad neuronal cuando está realizando una labor y cuando está a la deriva, vemos que la primera supone una dinámica más ordenada. ¿Qué estado conlleva más energía o gasto *hemodinámico* —de flujo sanguíneo y presión— para el cerebro? Obviamente, el estado de orden. Es más costoso. Por eso nos cuesta más esfuerzo realizar algo que dejarnos llevar por los vientos de la deriva. Y por eso mismo, el cerebro en su intento de ahorrar energía tiende al estado desordenado, a su modo de funcionamiento por defecto, a escapar del orden y de las instrucciones. Ante este dilema, como sistema autoorganizado, ha encontrado una solución híbrida: somos capaces de realizar una tarea de forma automática, sin ser conscientes de ella. De esta forma no necesitamos que nuestra actividad cerebral se asemeje a un desfile militar, pero tampoco llevamos un escuadrón de soldados ebrios en la sesera.

Y así se llega a que la consciencia no es necesaria para la conducta. Mantenernos en piloto automático nos ahorra mucha energía, pero el precio es alto. Cuanto más tiempo transitemos en ese estado, mayor será la sensación de insatisfacción vital que nos acompañará y peor será la ejecución de aquello que realicemos.

Sin embargo, ese estado también tiene sus funciones, y son necesarias e imprescindibles: la actividad por defecto del cerebro está involucrada en la consolidación de la memoria, planificación de estados posibles, respaldo de la identidad y regulación emocional. La actividad del cerebro transcurre en el puente entre ese estado, la red neuronal por defecto, y aquel que adopta cuando se realiza un acto consciente. Es un puente que recorre cientos de veces al día. Según la Universidad de Harvard, vive un 47% del tiempo en la orilla del estado por defecto. Casi la mitad del tiempo que estamos despiertos, habitamos en el borde más alejado de la consciencia.

3

Habitar

El ser humano descansa en el habitar, eso nos dice Heidegger en su ensayo urbanístico. La palabra *habitar* tiene dos orígenes en alemán: por una parte, está su raíz sajona, *wunon*, y por otra la medieval, *wunian*, y ambas equivalen a «permanecer». El filosófo, en su obra, elige la segunda por parecerle que representa más claramente lo que él entiende por habitar. (Qué belleza aporta siempre la etimología). *Wunian* significa «estar satisfecho y en paz». Habitamos una experiencia cuando nos traslada a la paz y permanecemos en ella. La palabra *paz* en alemán deriva de *friede*, e indica «lo libre», lo que está fuera de peligro. Estar en paz es estar al resguardo. *Wunian* también significa dejar algo en su esencia y refugiarlo. Cuidamos algo cuando le permitimos estar en su propia esencia. Habitamos una experiencia cuando en ella nos cuidamos y somos nosotros mismos.

Así que, cuando en agosto de 1951 le preguntaron a Heidegger cómo había que reconstruir Alemania para convertirla en un lugar *habitable*, él dio un salto mortal y nos invitó a replantearnos qué es habitar. Como si el hogar que hubiera que construir no se tratase de un edificio, sino de cada uno de nosotros. Y así, nos dice que no habitamos porque hayamos construido algo, sino que construimos la experiencia en la medida en que la habitamos. Aquí baja a la tierra y pone como ejemplo una oficina, que es una construcción, pero no una vivienda. No todo acto que realizamos lo hacemos habitándolo. El rasgo fundamental del habitar es, dice Martin, preservar y cuidar.

En ese mismo verano de 2024 en Friburgo, sentada esta vez en las escaleras de la Facultad de Filosofía, sentía que estas palabras de Heidegger eran la definición más entrañable que había leído sobre qué significa experimentar la vida. Con su pensamiento, me arrojaba un bote salvavidas al que agarrarme. Sus reflexiones me invitaban, o más bien me empujaban, a meditar sobre cómo podemos aprender a habitar. Porque estaba segura de que se podía aprender a hacerlo. Que me perdone el profesor Heidegger si interpreté algo que está muy lejos de su pensamiento, pero la verdad es que no me importaba mucho en aquel momento. Al final, todo está sujeto a la interpretación y aquella me llenaba de esperanza y de ternura en una época en la que las necesitaba.

Heidegger llegó a decir que «hacerse inteligible es un suicidio para la filosofía». Que solo unos pocos entiendan lo que escribes conlleva el riesgo de ser comprendido bajo un cristal teñido de subjetividad.

El caso es que, aquel verano, sentí como un regalo poder explicar desde la biología cerebral qué es el habitar del que —yo creo— habla Heidegger.

Nuestro día a día se construye de experiencias en las que no siempre nos sentimos a resguardo de nuestra esencia. Utilizando la metáfora de Heidegger, ocupamos gran parte del día una oficina en la que desarrollamos nuestros quehaceres, pero en la que no habitamos, no es nuestra vivienda, carece de la logística de una casa, como limpiar, hacer la compra, preparar la comida o asegurar que haya lo imprescindible para la higiene y el bienestar. Los cientos de mensajes por correo electrónico, el teléfono y las redes, los éxitos y luchas en el desarrollo de nuestra profesión y, por supuesto, las relaciones con otras personas, entre otras cosas, son parte de una oficina que no siempre habitamos o nos permite que la habitemos. (Confieso que más de una vez he sentido en mí el grito desesperado que pedía parar el mundo para bajarme de él). Es, en cierta medida, inevitable. Hay veces que lo único que podemos hacer es construir un lugar íntimo en el que habitar escapando de todo lo demás. Yo vivía enfrente de una playa mediterránea impresionante por su belleza, de las que aparecen en los anuncios. Pero también confieso que he estado muchas veces en ella y no he sentido ni un ápice de calma porque yo no estaba bien. ¿Dónde encuentro ese lugar en el que puedo habitar? ¿Dónde se halla ese recogimiento? ¿Dónde se alcanza la paz que deja libre mi esencia? ¿Cómo se aprende a habitar, señor Heidegger? Solo encontré una respuesta en la que se hallaba todo aquello.

Respirando.

La pista para establecer ese puente entre la respiración y el habitar llegó leyendo un estudio científico. Ese mismo verano, en Friburgo, estaba trabajando en la redacción de un artículo sobre la influencia de la respiración en el cerebro. Años antes en mi grupo de investigación habíamos realizado una serie de experimentos en los que medíamos, simultáneamente, la actividad cerebral y la presión del aire en cada fosa nasal. Nuestro objetivo era averiguar si la respiración estaba relacionada con las áreas del cerebro involucradas en la salud mental. Para documentar e interpretar nuestros resultados busqué en la literatura científica todos los experimentos realizados para un fin simmilar. Y así llegué a un trabajo publicado en 2018 en la revista *Journal of Neurophysiology*. A simple vista era un trabajo más, muy técnico, lleno de figuras con diagramas de barras y asteriscos para mostrar la potencia estadística de sus resultados. Nada atrayente, vamos. Pero en él encontré una gráfica que, sinceramente, me emocionó. Veamos cómo llegaron a ella.

El Departamento de Neurocirugía de la Facultad de Medicina de Nueva York estaba realizando una serie de operaciones para extraer focos de actividad epiléptica en un grupo de personas. Normalmente, los que nos dedicamos a la investigación sobre los mecanismos cerebrales de la conducta humana solo podemos observar el cerebro desde fuera, sin abrir la cabeza. Usamos tecnología muy avanzada para nuestras mediciones, que no dejan de ser indirectas. Es como observar la Luna con un telescopio: es genial y aporta mucha información fiable, pero nada comparado a poner un pie en ella.

Los investigadores del Instituto Feinstein, también neoyorquino, y el Departamento de Neurociencia de la Universidad Northwestern de Illinois quisieron aprovechar la oportunidad única de tener personas con el cerebro expuesto durante un rato, sin la coraza del cráneo de por medio pero conscientes, para insertarle electrodos. Ante tan extraordinaria oportunidad, diseñaron un experimento en el que pretendían identificar qué áreas del cerebro notaban la influencia de la respiración. Hicieron muchísimas medias, me centro solo en una de ellas, la que más me impresionó.

Una vez que los pacientes estaban en el quirófano, con el cerebro al descubierto y los electrodos registrando la actividad asociada a la respiración, se les pidió que realizasen las siguientes tareas: primero debían respirar de forma espontánea, naturalmente, como solemos hacer gran parte del día. Después, debían enfocar su atención y contar cuántas respiraciones realizaban en un determinado intervalo. Ya al final, se les pedía que alterasen el ritmo. Mientras realizaban aquellas tareas, los investigadores medían el impacto de la respiración en una región cerebral concreta: la corteza cingulada anterior (ACC, por sus siglas en inglés).

«Pero... ¿cómo un paciente en medio de una operación de neurocirugía puede observar su respiración o realizar alguna tarea?», es la pregunta que ronda a quien me lee hace rato. Porque dichas intervenciones se realizan con la persona consciente. El cerebro, paradójicamente, no siente. Y me permito resaltar otro detalle: someterse a una operación a cerebro abierto debe ser una situación de gran impacto psicológico por los evidentes riesgos que conlleva. El miedo, la ansiedad, la tristeza y el apego también se tumban en la camilla. Si, aun en esta situación, extrema diría yo, somos capaces de acompañar a nuestra atención para que repose en la respiración, ¿cómo no lo vamos a poder hacer en casa, sentados en nuestro sofá, un día cualquiera? Los pacientes del experimento nos han dado una buena lección.

Lo que documentaron los investigadores de este estudio es que la mayor coherencia cerebral sucedía cuando las personas observaban con atención su respiración. La respiración consciente mostraba una actividad en la corteza cingulada anterior significativamente superior a cuando la atención se veía interrumpida, o cuando se respira de forma automática, o cuando se dirige la atención al exterior.

La corteza cingulada anterior es una vieja amiga de mis estudios, siempre he dicho que es mi área favorita del cerebro. Dada su ubicación estratégica, representa un puente que fusiona estructuras cerebrales. Su principal unión es con la corteza prefrontal, lo que la convierte en la región neuronal que regula la cognición y la emoción. Es la zona más involucrada en la gestión de las emociones, la toma de decisiones y la inhibición del comportamiento, la relevancia emocional, la motivación; el puente entre los fenómenos conscientes y los que no lo son. Su mayor actividad se asocia a mejor bienestar y calma. Su conexión con la ínsula se asocia al sentido de uno mismo. Podemos activar y regular todas estas funciones con el simple acto de observar nuestra respiración.

Focalizar la atención en la respiración es un proceso que el cerebro privilegia, significativamente, sobre dirigir la atención al exterior.

Se puede aprender a *habitar* desde la contemplación a la respiración.

4

Las vísceras
de la salud mental

Creo que solemos confundir la salud mental con la enfermedad mental. Cuando decimos que preocupa, y mucho, la salud mental, realmente, y desde el punto de vista de las instituciones, lo que preocupa son las alteraciones de la salud mental, como la ansiedad, el estrés o la depresión. Dedicamos pocos esfuerzos a estar bien, porque nuestra visión sanitaria sigue apoyándose más en un enfoque curativo que preventivo. Los números hablan y asustan. Las alteraciones de la salud mental muestran una tendencia creciente en los últimos años. La ansiedad, el estrés y la reducción del bienestar y la satisfacción afectan a la población en general, desde niños, adolescentes y adultos. A nivel mundial, en el año 2018, el 25% sufre algún trastorno al menos una vez en la vida, el número de personas con depresión ha aumentado un 18,4% entre 2005 y 2015, y entre el 35% y el 50% de los pacientes no recibe el tratamiento adecuado. Solo en España, en el año 2023, el 6,7% de la población sufre ansiedad o depresión, siendo más acusado en mujeres (9,2%) que en hombres (4%). Y hay otro dato que me preocupa especialmente: el 88% de este tipo de pacientes busca apoyo en asistentes informales, como familiares o amistades.

Así como no llamamos a nuestra amiga en el caso de una lesión muscular que nos impide caminar, ¿por qué lo hacemos cuando la ansiedad nos paraliza? No creo que infravaloremos los estados psicológicos, sino que asumimos su presencia en la vida como algo normal y, además, desconocemos o tenemos prejuicios sobre los tratamientos. Como decía, sugiero que se preste una atención mayor a la prevención. A mí me gustaría saber qué debo hacer para mantener o cuidar mi salud mental, para estar bien. No me canso de repetir que yo, como eterna estudiante, habría preferido sacrificar algo del contenido docente a favor de una asignatura que me alentase a considerar mi mente como otra materia más a estudiar y cuidar. Agradezco y valoro haber aprendido matemáticas, historia o idiomas, pero ¿alguien me dijo que también debía estudiarme a mí? Me da vergüenza reconocer la edad a la que me detuve, por primera vez, a preguntarme cómo soy, cómo reacciono ante la adversidad, qué es lo que me satisface o cuántas mochilas emocionales he heredado. Estaba más enfocada en aprender física, medicina y otras muchas cosas más. Iba a la deriva, como un canto rodado. Cuando debí enfrentarme a estas preguntas, ya era tarde.

Apuesto por popularizar, por ejemplo, la asistencia a terapias o acompañamientos que permitan la introspección y la acción orientada a esculpir una mejor versión de nosotros. Para ello considero de fundamental importancia la divulgación de lo poco o lo mucho que sabemos para cultivar la salud mental: dieta, ejercicio, exploración del pensamiento y, por supuesto, respiración. ¿Por qué no nos lo enseñan en la escuela? Cuánto sufrimiento ahorraríamos, y cuánto dinero. Las alteraciones de la salud mental son también una carga económica significativa para empresas y Gobiernos.

Conocemos muy bien cómo nos afecta la aceleración del mundo en que vivimos. A veces no es tanto la velocidad, sino las prisas las que nos dañan. Cuando comencé a investigar, hace unos veinticinco años, los cálculos que debía realizar el ordenador podían tardar entre dos y tres días. Recuerdo con cariño que pegaba un papel en la pantalla que decía NO TOCAR. Cualquier movimiento en el ordenador podría interrumpir el proceso y habría perdido varios días de trabajo. Antes de dejarlo solo, tenía que pensar muy bien qué iba a hacer porque, como decía, tardaría varios días en ejecutar los cálculos. Así que me organizaba para estudiar, para repasar la literatura científica del tema que estuviera investigando. Solía irme a la biblioteca de la universidad con uno de esos cafés insalubres de las cafeterías de las facultades. La lentitud computacional me permitía un espacio de silencio, de incorporar información, de reflexión.

Hoy esos mismos cálculos se realizan en menos de un segundo. La técnica ha hecho que ahora cada segundo cuente, antes era un día lo que contaba. Es imposible no sentir el empuje de esa aceleración. Nuestros días tienen una mayor concentración de eventos. Solo hoy, antes de sentarme a escribir estas líneas, he tenido tres reuniones y mi teléfono me ha notificado más de cincuenta mensajes. Sin duda, la salud mental se resiente ante la aceleración de la vida.

El ritmo de nuestra sociedad impacta, evidentemente, sobre el bienestar. Sin embargo, solemos cometer el error de considerarlo la única causa del sufrimiento mental. Cuando estamos inmersos en una situación adversa, por ejemplo, una separación, un despido laboral, un duelo o una época de alta carga de exigencias, nuestro cuerpo manifiesta las consecuencias de dicho malestar. Se dificulta el proceso digestivo y aparece con ello todo un espectro de sensaciones desagradables, como inflamación, hinchazón y cansancio severo, la calidad del sueño se resiente, las tensiones musculares nos proporcionan un dolor casi permanente, el sistema inmune pasa de ser fiel compañero a enemigo y las hormonas nos reservan un privilegiado sitio en su montaña rusa.

El biólogo molecular Carlos López-Otín lo sintetiza muy elegantemente: «La salud es el silencio del cuerpo». Parece ser que cuando algo fluye, lo hace en silencio.

Sin embargo, también funciona en sentido contrario: una mala digestión provocada por hábitos poco saludables, como una dieta inadecuada, recrea las mismas sensaciones que experimentamos cuando la situación es adversa, aunque esta no exista o no se haya agravado. ¿Las alteraciones dependen siempre de lo que nos sucede en la vida? ¿No dependerá también nuestra salud mental de la de nuestros órganos? Pocas veces se exploran como causa de sufrimiento mental los hábitos de vida que impactan sobre nuestras vísceras.

La salud mental es un universo complejamente integral que no puede ser comprendido desde un solo punto de vista. Abogo por centros terapéuticos que reúnan en sus pasillos médicos de varias especialidades, psicólogos, nutricionistas, entrenadores físicos, instructores de técnicas de respiración y contemplación, y todo aquel que desde la rigurosidad y prudencia pueda aportar su experiencia.

Afortunadamente, en la investigación científica actual la salud mental comienza a ser explorada desde una mirada biológica, lo que está impactando en el diseño de protocolos y diagnósticos. Esta nueva perspectiva encuentra apoyo científico en la «neurociencia interoceptiva», que explora la relación entre el cerebro y el resto de las vísceras, hasta ahora, en solo tres grandes ejes: la interacción del cerebro con el intestino, con el corazón y la respiración. Su nombre deriva de *interocepción*, proceso mediante el cual el sistema nervioso integra la información que llega del cuerpo. Esta transferencia continua contribuye a mantener la función homeostática y a regular las respuestas corporales y neuronales a las condiciones externas.

De esta forma, nuestra respuesta al mundo habita en un puente que une tres islas:

La *interocepción*, o información que emerge de los órganos e impacta en la dinámica neuronal.

La *exterocepción*, o percepción de las situaciones externas.

La *cognición*, la acción de conocer.

El puente de la interocepción, recientemente descubierto, ha abierto nuevas vías de exploración de la salud mental y supone una base para explicar algo que se había documentado en la literatura, pero cuyo mecanismo se desconocía: por qué tener en cuenta la respuesta de nuestro cuerpo en situaciones que entrañan dificultad cambia, paradójicamente, la respuesta corporal. Esto es lo que midieron algunos investigadores del Departamento de Psicología de la Universidad de Harvard en 2012, en un estudio valientemente titulado «Mind over Matter», mente sobre materia. Se ocuparon de la reacción del sistema cardiovascular de un grupo de personas sometidas a situaciones estresantes. A algunas de ellas se las instruyó para que atendieran a su respuesta corporal y reconocieran las sensaciones que esperaban del cuerpo para reinterpretarlas e intentar desviar el foco de atención del estímulo generador de estrés. Comparados con las personas que no habían recibido este entrenamiento, los participantes instruidos mostraron una respuesta cardiovascular al estrés más adaptativa, con una mejor eficiencia cardiaca y menor resistencia vascular.

«La mente influye en el cuerpo, pero el cuerpo también influye», que diría William James. La cognición afecta a la respuesta corporal, y el estado corporal a la cognición, que diríamos hoy.

Este puente entre la interocepción, la exterocepción y la cognición juega un papel fundamental en el comportamiento tanto animal como humano, siendo una perspectiva nueva y prometedora que vincula la disfunción interoceptiva con trastornos psiquiátricos y psicológicos que van desde la ansiedad, los cambios en el estado de ánimo, los trastornos adictivos y de la alimentación, a patologías como la esquizofrenia. Investigadores como el psiquiatra alemán Helmut Paulus y el estadounidense Len Stein han propuesto un modelo neuroanatómico para la depresión y la ansiedad basado en la disminución de la conexión entre los estímulos interoceptivos, el estado de autorreferencia y las creencias. Como se destacó en la I Cumbre de Intercepción en noviembre de 2016, las investigaciones interoceptivas en salud mental revelaban: 1) sesgo de atención, por ejemplo, hipervigilancia; 2) sensibilidad fisiológica distorsionada, por ejemplo, estimación de magnitud atenuada o aumentada en respuesta a una perturbación; 3) sesgo cognitivo, por ejemplo, «catastrófico» en respuesta a un estímulo anticipado; 4) sensibilidad anormal, por ejemplo, tendencia a etiquetar las propias experiencias de manera particular; y 5) percepción deficiente, por ejemplo, correspondencia deficiente entre confianza y precisión en una tarea. En esta cumbre se resaltó que alrededor del 50% de las personas con alteraciones mentales no reciben el tratamiento adecuado; y que podría ser debido a la confusión actual en el diagnóstico y clasificación de las disfunciones fisiológicas o psicológicas y a la falta de medidas objetivas o biomarcadores de salud mental.

Ante esto, es necesario establecer una medida objetiva de vinculación entre ambas dimensiones de la salud mental: la biológica y la psicológica. Una de las variables propuestas como biomarcador o indicador de alteraciones tanto leves como moderadas de salud mental es, cómo no, la respiración.

5

La respiración

La respiración es un proceso mayoritariamente automático, controlado de forma inconsciente por núcleos neuronales situados en el puente del tronco del encéfalo. Es el proceso mediante el cual nuestro cuerpo intercambia gases con el medio exterior, permitiendo la entrada de oxígeno y emitiendo dióxido de carbono. A lo largo de una hora habremos respirado unas novecientas veces, y lo habremos hecho sin darnos cuenta. No debe sorprendernos, lo que sucede en el cuerpo escapa a nuestra voluntad. Sobra mencionar la importancia vital de la respiración para mantenernos vivos, sin embargo, solo ahora se comienza a estudiar científicamente su importancia para mantenernos humanos.

A comienzos de la década de 2010, la neurociencia comenzó a interesarse de manera significativa por el impacto de la respiración sobre la dinámica neuronal. Antes, uno de los momentos clave fue el descubrimiento en 1991 del «complejo preBötzinger», que ya había sido localizado en el cerebro animal. Situado en el bulbo raquídeo del tronco del encéfalo, entre sus funciones vitales está la de controlar el ritmo respiratorio. La actividad de sus neuronas coordina la contracción de los músculos intercostales y del diafragma, estableciendo así el ciclo respiratorio compuesto por las fases de inhalación y exhalación, o de inspiración y espiración, que es lo mismo. Un grupo de neuronas codificará, con sus disparos eléctricos, el inicio de la inhalación; es decir, las neuronas solo se activarán ante la llegada de aire nuevo. Otro lo hará con la exhalación, y aún otro con la posible apnea o ausencia de respiración después de exhalar. De esta forma, la base del cerebro registra el patrón respiratorio, sabiendo exactamente cuándo se ha iniciado cada fase de la respiración, su intensidad y su duración.

Ante este descubrimiento la comunidad científica se preguntó con recelo por qué el cerebro debía conocer los detalles de un proceso que él mismo generaba de forma automática. La respuesta llegó en 2017: el Departamento de Bioquímica de la Universidad de Stanford publicó un artículo en la revista *Science* donde se mostraban las conexiones anatómicas del complejo preBötzinger. En este estudio en animales, vieron que la información sobre el ciclo respiratorio allí contenida se transmitía hasta el *locus coeruleus* (LC), una de las grandes fuentes de noradrenalina —una hormona que actúa como neurotransmisor en el sistema nervioso — y centro fundamental para la cognición y la memoria. Según este pionero estudio, desde el LC la información respiratoria se transmitía a las regiones cerebrales involucradas en la atención, la memoria, la gestión emocional y, por supuesto, el olfato. El LC está involucrado, además, en el ciclo del sueño, el trastorno por estrés postraumático y el equilibrio de la postura corporal, que están, por lo tanto, influidos por la respiración.

Este trabajo supuso la primera evidencia contundente de la neuroanatomía de la respiración, pero estaba realizado en animales. Un año más tarde, se publicó el rastro anatómico de la respiración en el cerebro humano con resultados similares.

La hipótesis que subyace a estos hallazgos es que la respiración sincroniza conjuntos neuronales y coordina las redes cerebrales. Veamos cómo lo hace, pero para ello debemos volver a recordar brevemente las bases de la neurociencia.

Nuestro cerebro está formado por neuronas, exactamente por 86 000 millones, con la capacidad de generar un impulso eléctrico al que llamamos «disparo neuronal». Dado que están dotadas de unas prolongaciones que permiten la conexión entre ellas, las dendritas y los axones, este estímulo eléctrico se transmite de unas a otras, siendo el mecanismo fundamental de la capacidad del cerebro para procesar información. Como ya mencionamos al hablar de la plasticidad, el cerebro podría ser visto como una complejísima red donde la electricidad va de un lugar a otro transportando mensajes. El disparo eléctrico de cada neurona puede hacerse de forma muy lenta o muy rápida. La frecuencia de disparo se conoce como «ritmo neuronal» u «oscilación». Así hablamos de oscilaciones delta, theta, alpha, beta o gamma, de menor a mayor velocidad. Representan los idiomas neuronales, con los que se transmite información.

Para cualquier proceso, las neuronas forman redes. Recordemos que una sola no valdría absolutamente para nada. Lo importante es la coordinación entre ellas. Una red la forman aquellas neuronas que se reconocen en el disparo, es decir, que oscilan con el mismo ritmo, que están sincronizadas.

Ahora sí que podemos volver a la respiración. La llegada de la inhalación sincroniza conjuntos neuronales. El estudio de las oscilaciones y su función es uno de los temas más candentes en los últimos cincuenta años y seguimos descubriendo cosas nuevas cada día. Solo ahora se comienza a reconocer el impacto del cuerpo en esas oscilaciones. Parte de ellas, necesarias para la conducta, son responsabilidad de la respiración.

Cuando iniciamos la inspiración, imaginemos nasal, la entrada de aire por la nariz activa en primera instancia el bulbo olfativo, y desde ahí se transmite a diferentes áreas del cerebro, favoreciendo su sincronización. La respiración sería como ese general del ejército del que hemos hablado que ordena el movimiento de los soldados para que sea coordinado y estructurado, y desde ahí poder operar con efectividad.

Se dice, técnicamente, que la respiración *alinea* la actividad neuronal. En 2021 los investigadores Daniel Kluger y Joachim Groß, de la Universidad de Münster y Glasgow, mapearon meticulosamente las regiones cerebrales que reciben las órdenes del general de la respiración. En su estudio identificaron las oscilaciones neuronales, observando que los ritmos más rápidos como beta y gamma están concentrados en un amplio abanico de redes cerebrales que incluye regiones atencionales, de memoria y emocionales. Son ya numerosos los estudios que han mostrado que el ciclo natural y espontáneo de la respiración modula la actividad de la amígdala, región fundamental para la emoción, y el hipocampo, su homóloga para la memoria y el aprendizaje. Es importante subrayar que no solo las áreas cerebrales involucradas en el olfato dan cuenta de la respiración, sino también aquellas implicadas en la conducta más elaborada o en funciones ejecutivas superiores.

Yo nunca lo había observado en mí, pero solemos inhalar de repente cuando vamos a realizar cualquier tarea, algo que observó el grupo de investigación del profesor Ofer Perl, de la Universidad Hebrea de Jerusalén, en 2019, y, posteriormente, otros investigadores. Como mecanismo de preparación para procesar la información, comienza una inhalación que modula la arquitectura neuronal e induce una oscilación en el ritmo alpha. Esto sucede al procesar información que conlleva procesos de atención y memoria; es decir, todas. La inhalación activa la corteza frontal y el hipocampo, preparando así la cognición. Cuando esta excitabilidad neuronal provocada por la inspiración está ausente o es pobre, nuestros recursos cognitivos estarían mermados.

Por el contrario, la exhalación se ha asociado con procesos emocionales y somatosensoriales, como la capacidad de sobresalto, el procesamiento del dolor o de la ansiedad. Por ello, y gracias al complejo preBötzinger, el cerebro necesita tener una información precisa del patrón respiratorio.

Cada segundo cuenta, la relación entre el cerebro y la respiración es continua y detallada. Esta última es llamada para coordinar la dinámica neuronal. Un gran recurso al alcance de nuestra voluntad.

6

Respiración y salud mental

Hay situaciones que rebasan el entendimiento. Simplemente no se pueden comprender, hay que vivirlas intentando llegar sano a puerto. Estoy segura de que cada uno encontrará en su biografía algún momento en el que, simplemente, desearía no estar. Yo me he planteado muchas veces si, aun en esas situaciones, se podría encontrar aquella paz de la que hablaron Heidegger y tantos otros a lo largo de la historia. Las prisas por alcanzar la paz son mayores con los ojos llorosos, aunque buscarla, la paz, debería ser un fiel propósito de cada día. Pero sí, hay situaciones donde esa calma, sencillamente, urge.

Sin calma no hay claridad. Eso es lo que repiten los sabios de tradiciones orientales y también de las occidentales. Diría que también la cultura científica comienza a expresarse en estos términos. Voy a intentar traducir al lenguaje biológico dicha máxima. Como tantas veces ocurre en la ciencia, es más fácil describir el fenómeno contrario. En este caso, por qué la falta de calma conlleva confusión.

Ante la llegada de una situación difícil, el cerebro orquesta una compleja cadena de reacciones para adaptarse al reto. La primera respuesta es bioquímica, y parte con la liberación de una familia de hormonas llamada glucocorticoides, entre los que se encuentra el famoso cortisol. La liberación de estas sustancias tiene una función que debemos agradecer: preparar nuestro cuerpo para la lucha. Literalmente, aunque hoy en día los combates se jueguen pegados a una silla delante del ordenador o sentados en el sofá discutiendo con la pareja. Hemos dejado de pegarnos, pero ese avance todavía no se ha registrado en el cuerpo.

El cortisol aumenta los niveles de azúcar en sangre y con ello nuestro ímpetu físico. Se atenúa el sistema inmune, debido a su actividad inmunosupresora —curioso esto de enviar el ejército a descansar durante una guerra—, y la función digestiva se ralentiza.

Respecto al cerebro, el despliegue no es menor. El hipocampo reduce su dinámica neuronal como consecuencia de la liberación del cortisol, por lo que la capacidad de memoria y aprendizaje se reduce. Por otra parte, la corteza prefrontal también se ve inhibida y presenta un nivel menor de coordinación en sus neuronas y, por lo tanto, menores recursos neuronales dedicados a la atención y a la contención de la conducta. Por si esto fuera poco, entra en escena la amígdala, que se aferra en su intento de sostener el conflicto, y la actividad de sus neuronas y su volumen aumenta significativamente. Además, su influencia sobre el hipocampo y la corteza prefrontal conlleva la selección de recuerdos de naturaleza negativa, suprimiendo los positivos o moderados, y la orientación de nuestra atención al foco del conflicto. Este cóctel de regiones cerebrales embriagadas de cortisol induce una percepción sesgada de la situación, impide la elaboración de estrategias capaces de solventar el problema y bloquea nuestra voluntad al servicio del combate.

La falta de calma o nerviosismo conlleva confusión. Desde ahí es imposible no errar. Cuántas decisiones hemos ejecutado, cuántas palabras hemos pronunciado, cuánto daño hemos sido capaces de tolerar y generar por falta de claridad. El miedo, el estrés, la ansiedad, la ira y el desprecio nos nublan la percepción.

Sin embargo, dicha respuesta del cerebro ante la dificultad se sabe reversible. Los mecanismos que se despliegan ante el desafío tienen una naturaleza transitoria. Afortunadamente, el cerebro deja la puerta abierta a una intervención voluntaria que modere o restaure el estado de calma y, por lo tanto, devuelva la capacidad cerebral para percibir con claridad. Pero, insisto: es una intervención *voluntaria*. No vendrá sola. La amígdala luchará para perpetuar su estado y lo hará de forma automática, enfrentándose a nuestra intención. Hemos visto que es un centro clave para la elaboración de la respuesta corporal ante la adversidad, pero conocemos muy bien el precio que conlleva o las consecuencias de su desmesurado combate. Además de su acción sobre otras regiones cerebrales como el hipocampo o la corteza prefrontal, la amígdala también gobierna la actividad de las vísceras y, en concreto, sobre la respiración.

En 1984, el doctor Joe Spencer mostró por primera vez que la respuesta de la amígdala retrasa la inhalación. Para llegar a esta conclusión, su grupo de investigación se valió de un estimulador eléctrico para generar una respuesta en la amígdala en ausencia de estímulo. Los pobres participantes en el estudio descansaban sentados tranquilamente en las sillas del laboratorio mientras los investigadores acercaban a su cabeza un dispositivo que localizaba la amígdala y le transfería un impulso capaz de generar en ella una respuesta similar a la medida ante una situación adversa. Los pasivos voluntarios experimentaban una retención respiratoria: su respiración se quedaba sostenida después de la exhalación, la amígdala impedía que se iniciase una nueva inspiración.

Creo que todos hemos sentido cómo nos quedamos sin respiración ante una noticia abrumadora. Es responsabilidad de la amígdala. Estudios más recientes, como los liderados por el neurólogo estadounidense Erin Feinstein, han denominado a este fenómeno «apnea impulsada por la amígdala». El papel de la amígdala en la inducción de esta apnea se basa anatómicamente en la fuerte conexión inhibitoria entre su núcleo central y los centros respiratorios del tronco del encéfalo. Además, cuando estamos en una situación que implica miedo o ansiedad tendemos a respirar de forma más rápida y profunda, quedándonos sin aliento. Es lo que se conoce como hiperventilación y disminuye nuestros niveles de dióxido de carbono (CO_2) en sangre, algo que reactiva la amígdala debido a su limitada capacidad para adaptarse a los cambios en los niveles de este gas. Pacientes con lesiones en la amígdala experimentan respuestas de pánico y ansiedad más intensas después de la inhalación de dióxido de carbono. Si el estrés, o la dificultad, se prolonga en el tiempo, dicha hiperventilación afecta a los niveles de producción de la vitamina D, cuyo impacto en la salud mental es bien reconocido.

La apnea impulsada por la amígdala es el tema de investigación de mi grupo en los últimos años, por su potencial impacto en el desarrollo de protocolos de diagnóstico e intervenciones curativas y preventivas de las alteraciones de la salud mental. Hace unos años, en el laboratorio de neurociencia cognitiva y computacional de la Universidad Complutense de Madrid, medimos la actividad magnética del cerebro de un grupo de personas. Medir el campo magnético en vez del eléctrico proporciona una mejor localización de las áreas cerebrales involucradas en el proceso que se esté estudiando. Por otra parte, registramos simultáneamente la actividad respiratoria. Para ello contamos con el ingenio del equipo de investigación del Instituto de Biotecnología de Vitoria (BTI), que diseñó unas cánulas que, introducidas en ambas fosas nasales, permitían medir la presión de aire de entrada y salida.

Normalmente, en los experimentos, la respiración se estima a través de una banda en el pecho que da cuenta de las extensiones del tórax en la inhalación y la exhalación. Sin embargo, las características técnicas de nuestro dispositivo proporcionaban una precisión temporal suficiente para poder identificar cambios sutiles. Gracias a él, pudimos localizar la actividad de las diferentes áreas del cerebro durante las tres fases del ciclo respiratorio: inhalación, exhalación y apnea después de la exhalación. Esta última fue infravalorada por la investigación en general, que asumía que el ciclo respiratorio se componía de las dos primeras fases. La apnea que realizamos de forma natural, espontáneamente, después de exhalar, esconde una valiosa información sobre nuestra psicología.

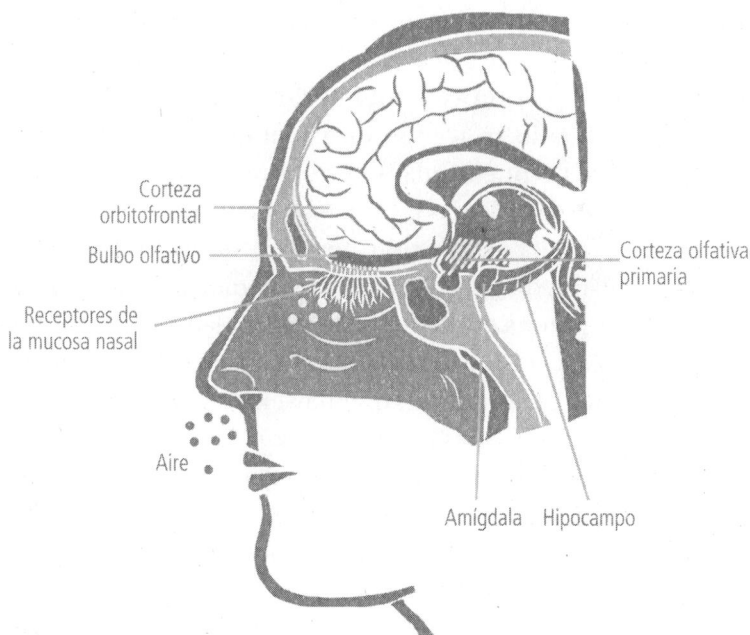

Corteza orbitofrontal

Bulbo olfativo

Receptores de la mucosa nasal

Corteza olfativa primaria

Aire

Amígdala Hipocampo

Localización de la actividad de las diferentes
áreas del cerebro durante las fases del ciclo respiratorio.

Nuestro primer objetivo era registrar la actividad espontánea cerebral y respiratoria simultáneamente, es decir, cuando no estamos empeñados en alguna tarea mental específica ni estamos alterando voluntariamente la respiración. Una vez realizados los experimentos, localizamos las tres fases y estudiamos cómo le afectan.

Los resultados mostraron que las de mayor impacto para la coordinación de la ínsula, la amígdala y la corteza cingulada en ambos hemisferios son la inspiración y la apnea después de la exhalación, zonas altamente sensibles a las alteraciones de la salud mental. El grado de comunicación entre las neuronas de la amígdala se ve afectado en trastornos de ansiedad, estados crónicos de miedo y desregulación emocional. Los procesos de adaptación a situaciones emocionalmente negativas se apoyan en el vínculo entre la ínsula y la amígdala, es decir, entre el sentido o noción que se tiene de uno mismo y el procesamiento de la información emocional; ese vínculo se rompe en las alteraciones crónicas. Así, el cerebro no puede adaptarse o acostumbrarse a la dificultad, creando un estado de alarma permanente. También observamos que la inspiración tiene un mayor impacto en la amígdala situada en el hemisferio izquierdo, que es más sensible a las amenazas, el estrés y la depresión.

Parte de estas conclusiones ya se conocían; lo que nosotros aportamos es la relación que hay entre la apnea natural y el estado de ánimo. Las personas que se prestaron al experimento fueron sometidas a una evaluación psicológica que daba cuenta de su nivel de estrés, de síntomas depresivos y de ansiedad, por una parte, y del bienestar y la satisfacción vital, por otra. Según la teoría del continuo dual del sociólogo y psicólogo estadounidense Corey Keyes, el bienestar y la ausencia de enfermedades son dos dimensiones distintas pero interconectadas de la salud mental. Esto subraya la necesidad de medir tanto el malestar como el bienestar psicológico para obtener una evaluación integral de la salud mental.

No estar mal no significa estar bien, ¡tomemos nota de ello! Nuestros cálculos mostraron que las personas con peores índices de bienestar mostraban una mayor duración de la apnea. El mecanismo que subyace es, una vez más, la actividad de la amígdala: a peor estado de ánimo, presentan mayor actividad amigdalina y activación de la «apnea impulsada por la amígdala». Es decir, la reducción del bienestar retrasa el inicio de la inhalación. Lo podemos observar en nosotros, son los famosos suspiros de tristeza o angustia. Esas exhalaciones que parecen no acabarse nunca, como si el cuerpo no quisiera volver a nacer, a inhalar.

La apnea natural después de la exhalación impacta con mayor fuerza en el hemisferio derecho, particularmente en la ínsula, asociada a alteraciones de la salud mental, a la introspección y a la consciencia corporal. El grupo del profesor Feinstein propuso en 2022 el modelo de ansiedad inducida por apnea: las apneas recurrentes son provocadas por la activación de la amígdala ante cambios los niveles de CO_2. Este modelo sugiere que la ansiedad crónica es un trastorno visceral impulsado por el sistema bioquímico del cuerpo en su lucha por mantener la homeostasis ante la dificultad para respirar. Un ejemplo agudo es la apnea obstructiva del sueño, que conlleva una desconexión y cambios metabólicos en la ínsula derecha.

La relación entre el estado de ánimo y la respiración se evidencia fundamentalmente en la fase de la apnea después de la exhalación. Gran parte de la literatura científica al respecto incluye la fase de la apnea final como perteneciente a la de exhalación. Los estudios del grupo de investigación del neuropsiquiatra Yuri Masaoka, del Hospital Universitario de Showa, en Tokio, destacan el papel de la exhalación en las respuestas emocionales, demostrando que los niveles de ansiedad influyen en la frecuencia respiratoria: una respuesta de ansiedad elevada se asocia con un aumento de la frecuencia respiratoria y la ventilación, lo que se correlaciona negativamente con el tiempo espiratorio. Sin embargo, estos estudios no diferencian entre exhalación y apnea, por lo que se camufla el papel de esta y su potencial terapéutico.

Curiosamente, en nuestra investigación observamos que la irregularidad en la duración de la apnea estaba asociada a la salud mental y a la actividad cerebral: cuanto mayor sea la variabilidad natural de la duración de la apnea, peor será el estado psicológico o la resiliencia. La variabilidad supone que unas veces dure mucho y otras poco; es irregular. Según el modelo de codificación de interocepción predictiva incorporada de Lisa Feldman Barrett y William Kyle Simmons, la interrupción de la predicción de la información visceral podría ser una fuente de enfermedades físicas y mentales. Este modelo se apoya en la idea de que el cerebro es un sistema altamente predictivo, donde gran parte de los recursos neuronales se dedican a predecir la respuesta del mundo exterior e interior. El cerebro escucha a los órganos e intenta anticipar la llegada de información. Si la respiración es muy rítmica, el cerebro podrá predecir con facilidad y seguridad cuándo va a recibir el nuevo impulso de la respiración. Le gusta saber lo que va a suceder, es un sistema de expectativas. Sin embargo, una respiración irregular dificulta dicha predicción, lo que genera alarma y estrés en el cerebro, puesto que no podrá predecir con exactitud y seguridad cuándo recibirá el siguiente impulso respiratorio. Todos podemos aprender fácilmente a emular el ritmo de un reloj, exquisitamente regular. Es fácil porque es previsible, y es previsible porque es rítmico. Un reloj que improvisara sus segundos sería altamente imprevisible y, por lo tanto, impredecible.

Según cuentan, Kant dijo que la inteligencia se mide por la cantidad de incertidumbre que un hombre es capaz de soportar. En este caso, la inteligencia del cerebro es más bien poca. La incertidumbre es una de las situaciones más estresantes para la función cerebral porque viola uno de sus principios fundamentales: predecir. Una respiración irregular puede afectar a los sistemas de predicción cerebral y por tanto atenuar nuestras capacidades cognitivas y emocionales, siendo un indicador de alteraciones o potenciales alarmas psiquiátricas.

Nuestros resultados e hipótesis proponen la regularidad de las fases respiratorias, especialmente de la apnea, como herramienta terapéutica y preventiva. De ahí que gran parte del éxito de las técnicas de respiración se base, como punto de partida, en establecer un orden en el patrón respiratorio. La repetición de una secuencia de respiraciones induce regularidad en el ciclo respiratorio.

Una respiración a la deriva es una mente a deriva.

7

Habitar desde el cuerpo

Son innumerables las veces que me he imaginado la Conferencia de Darmstadt, de 1951, repleta de gobernantes, ingenieros, arquitectos y urbanistas, todos ellos alemanes. Cada cual con su carpeta bajo el brazo, cargados de justificaciones económicas, cálculos de física y planificaciones efectivas. Y en medio de ese ambiente sube al escenario Martin Heidegger, uno de los filósofos más eruditos e incomprensibles del panorama académico, y dice: «El rasgo fundamental del habitar es llevar a la paz. El ser humano descansa en el habitar. El hombre *es* en la medida en que habita». Sospecho que no serían pocas las caras de sorpresa y confusión entre los asistentes. Algo que ya había previsto el propio Heidegger, que inmediatamente se justifica declarando que «ganaríamos bastante si habitar y construir se convirtieran en algo digno de ser preguntado, digno de ser pensado.

En sus primeros años de vida académica, Martin Heidegger fue discípulo del filósofo Edmund Husserl, el fundador de la fenomenología, campo que estudia la experiencia humana o cómo el mundo se manifiesta a la conciencia. Ambos intentaron comprender la naturaleza subjetiva de la experiencia, ya sea a través de la reflexión o el lenguaje. Pero Heidegger avanza en solitario desarrollando una fenomenología interpretativa o hermenéutica. El fenómeno, o experiencia, requiere de un mundo exterior, en el que se manifiesta, y de un mundo interior que lo percibe. Concibiendo al hombre como un ser sociohistórico en un mundo constantemente cambiante, se plantea cómo conocer su naturaleza esencial o permanente. En *Ser y tiempo* se plantea ¿qué es el ser? desde el método fenomenológico. La respuesta: *Dasein, Da-Sein*, palabra del idioma alemán que puede traducirse por «ser ahí», estar presente, estar en el mundo, existir, estar disponible. Según *El lenguaje de Heidegger. Diccionario filosófico de 1912-1927*, de Jesús Adrián Escudero, utiliza la expresión *Dasein* como una constitución ontológica de la vida humana, la cual se caracteriza por su apertura (*Da*) al ser (*Sein*) y por la capacidad de interrogarse por su sentido. Según la mirada heideggeriana, la experiencia humana no puede comprenderse en términos de un yo encapsulado en un cuerpo o en sí mismo, sino en continua conexión con el mundo. El ser como un encuentro con las cosas, personas y situaciones. El ser, también, como un encuentro consigo mismo.

El estudio de la experiencia humana ha permanecido casi exclusivamente en el territorio de la filosofía. Sin embargo, la neurociencia, como rama de investigación de la función cerebral, está obligada, como poco, a asomarse a esta cuestión. El primero en acercarse a este precipicio del pensamiento fue el biólogo y filósofo chileno, afincado en París, Francisco Varela, quien acuñó el término *neurofenomenología*. Su propuesta era el estudio en primera persona de la experiencia. La ciencia, en su afán por ser fiel a la objetividad, desarrolla sus métodos en tercera persona: él o ella. Así, por ejemplo, los investigadores estudian el cerebro como algo casi ajeno a nosotros, o al menos independiente de quien lo estudia. La experiencia de la persona cuyo cerebro sometemos a las mediciones científicas no se tiene en cuenta en el experimento. Sin embargo, una visión en primera persona incluye al yo como sujeto.

El profesor Varela y otros, entre los que se encontraba su colega y compatriota Humberto Maturana, proponen extender los límites de la ciencia para abrazar la subjetividad. Tarea difícil eso de cuantificar la experiencia de cada cual. En palabras de Varela, la neurofenomenología «es un intento decidido (y un tanto radical) de encontrar una salida a la estéril oposición entre los fundamentos biológicos de la conciencia y el hecho básico de tener una experiencia irreductible». Para el desarrollo de su método, Varela se apoyó en las ideas originales de Husserl y de Merleau-Ponty y llegó a tres pilares básicos para ser estudiados desde la función cerebral: la introspección, la experiencia y la presencia plena. Sus estudios sobre la neurociencia de la meditación fueron pioneros y se lo considera uno de los fundadores de este campo.

Sin embargo, el contexto científico en el que Varela germina su neurofenomenología es un momento cerebro-centrista, donde el cerebro es considerado el único órgano que acompaña a la experiencia humana. El significado que Heidegger da al concepto *Dasein* como presencia, estar disponible, o estar ahí, resuena con los términos que asociamos al estado de atención plena. O al menos es el puente que yo establecí después de casi una década estudiando los mecanismos cerebrales asociados a la práctica meditativa que persigue el «estar presente»: el famoso *mindfulness*.

Hoy concebimos la conducta desde el cuerpo. Propongo hablar, pues, de *biofenomenología*.

Para el desarrollo de una biofenomenología habría que recuperar a Maurice Merleau-Ponty, como hizo Varela. Nacido y muerto en Francia, estudió Filosofía en la Universidad de Lyon y después en la Sorbona de París, llegando a ser uno de los catedráticos más jóvenes del Colegio de Francia. Marcadamente influido por la fenomenología de Husserl y

Heidegger, al final de su trayectoria fue reconocido como existencialista debido al peso que el pensamiento de Sartre tuvo en su obra. En su libro *Fenomenología de la percepción*, defiende la corporalidad como parte de la experiencia, extendiendo los límites de la fenomenología mucho más de lo que a Heidegger le hubiera gustado.

El cuerpo no es solo objeto de estudio de las ciencias, es también, o debería, ser parte considerada por los filósofos. Aquí yo añadiría que también por los psicólogos. Merleau-Ponty lo expresa en su famosa frase: «Mi cuerpo existe orientado hacia todas las percepciones». Propone como concepto filosófico el *esquema corporal*, a partir del cual se permite que el mundo aparezca, adquiriendo la forma de nuestra percepción del mundo. Esta corporalidad de la experiencia humana choca con la visión dualista que enfrenta mente y cuerpo como entidades separadas. Quizás distinguibles, pero inseparables. (Lo siento, señor Descartes: abogo por la corporeidad de la consciencia, pero rechazo todo aquel enfoque que la ubique en cualquiera de los órganos. Ni siquiera que la encierre en el cuerpo. Pero excluir al cuerpo del intento de comprensión de la experiencia humana es una necedad).

Merleau-Ponty propone una fenomenología dinámica, siendo uno de los principales rasgos su carácter fluctuante y siempre dispuesto a hacerse uno con el entorno, también en constante cambio. Pero ese dinamismo refleja también la exclusividad de cada experiencia. Cada momento es único e irrepetible, aunque se asemeje a tantos otros creando la ilusión de vivir en una rutina. A ese dinamismo también contribuye el cuerpo. El ritmo de la fisiología opera como un marcapasos de la experiencia. Desde las oscilaciones neuronales al compás de las vísceras y los ciclos circadianos. El cuerpo como un metrónomo de la experiencia y el movimiento como su máxima expresión. Yo he llegado a definirlo como el instrumento por el que suena la vida. La biofenomenología supondría, como en Merleau-Ponty, que el cuerpo es también fuente de percepción del mundo. Y hoy tiene base científica tal afirmación.

Veamos por qué el cuerpo, como una orquesta de órganos, es el instrumento de la percepción y por qué determina la experiencia. Lo haremos observando qué sucede de fuera a dentro y de abajo arriba. Para ello cometeremos una pequeña y colosal trampa, aceptada por la neurociencia, pero que despertará recelo en los filósofos: suponer que el cuerpo influye en la experiencia porque influye en el cerebro. Con este punto de apoyo, reinventaremos el paradigma para observar la experiencia como un fenómeno que también es corporal.

El cerebro se vale del cuerpo para dar sentido a nociones tan abstractas como la emoción. A principios de los años noventa del siglo XIX, William James enfatizó la importancia de las sensaciones del cuerpo para determinar la experiencia, recordando que, sin ellas, una emoción sería tan solo una idea intelectual. Y, desde luego, la experiencia de un momento de angustia tiene de todo menos intelecto. Es un partido que se juega en el campo del cuerpo, en la tensión muscular, en las contracciones del intestino, en la aceleración del pulso y en lo entrecortado de la respiración. Eso lo reconocemos todo muy fácilmente. Décadas después, el neurocientífico Antonio Damasio acuñó el término *marcador somático* como mecanismo por el cual el cerebro recibe las sensaciones del cuerpo para poder interpretar una situación cargada emocionalmente. Es el sentido de la propiocepción, una información vinculante y de retroalimentación que el cerebro tiene en cuenta para dar lugar a una respuesta. De ahí la importancia de la consciencia corporal. Nos sorprendería lo poco que escuchamos a nuestro cuerpo, lo que se debe a que, generalmente, susurra, y solo grita cuando la situación es grave. Sin embargo, la riqueza reside en esos susurros. El sigiloso hablar del cuerpo es un libro cuyo protagonista es nuestra experiencia; ¡qué lástima no saber leerlo!

En cada momento, el cerebro rastrea las sensaciones que han emergido a lo largo del cuerpo, dedicando especial interés a lo que ocurre en la cara y en las manos. No todas las partes del cuerpo son iguales para el cerebro. Así lo demostró el neurocirujano estadounidense Wilder Penfield en 1951, con su famosa caracterización de la corteza somatosensorial que dio lugar al homúnculo que lleva su nombre. En 2022, el modelo de Penfield fue ampliado al descubrirse tres regiones en la corteza somatosensorial que dan cuenta del cuerpo como un todo. Ya no es solo el cuerpo por partes, diseccionado, sino la fusión de las partes, la relación de unas con otras. Este descubrimiento daba peso y evidencia a la importancia de la postura corporal en nuestra psicología. Años antes, diversos experimentos mostraron que una postura encorvada merma la memoria y sesga la atención a estímulos de naturaleza desagradable. Algo similar ocurre cuando nuestra cara está tensa, el ceño fruncido y la boca encogida.

Así, la arquitectura corporal define la experiencia y, por lo tanto, se convierte en un apoyo terapéutico para desplazar la postura mental de un lugar a otro más saludable. Afortunadamente, hoy contamos con enfoques somáticos y corporales en psicología que complementan una visión integral de la experiencia psicológica, tanto la sana como la patológica.

Una vez dentro del cuerpo, en las vísceras, partimos del intestino. También llamado «el segundo cerebro», en mi opinión de forma errónea, es uno de los grandes aliados de la función neuronal. En él habita, principalmente, la microbiota o conjunto de microorganismos, como bacterias, virus, hongos y levaduras. Los primeros experimentos, realizados en animales, mostraban que la salud de la microbiota influye en la dinámica cerebral y, por lo tanto, en la conducta. Ya en seres humanos, es inmensa la evidencia científica que muestra que el intestino es corresponsable de los mecanismos neuronales que acompañan al aprendizaje y al estado de ánimo. El estómago es también un centro regulador de la actividad neuronal. Su buen funcionamiento supone que este órgano lata a razón de 0,05 hercios, un latido cada veinte segundos, lo que está asociado a la aparición de ondas alpha en el cerebro, necesarias, entre otros fenómenos, para poder mantener la atención. (Señor Heidegger, sus doctos pensamientos dependían también de su no menos instruido estómago).

Establecer hábitos de vida que proporcionen un bienestar microbiano es uno de los pilares de la salud mental. Cuidar la dieta forma parte de todo aquello que se nos pide para habitar la vida.

Algo más noble es el corazón. O al menos así lo han considerado la historia de la medicina y la filosofía. Aristóteles le dedica su pensamiento en aquella isla en la que se refugió después de que condenasen a Sócrates. Dudo que sus reflexiones hubieran trascendido a nuestros días si se hubiera consagrado al estudio del intestino. El sagrado corazón siempre se vinculó al alma, a la moral y a la trascendencia, y con ello se erigió en varias culturas como el órgano rey. Hoy compite con el cerebro por el reinado. Nuestra visión actual presupone que la relación entre el corazón y el cerebro es el asiento de la percepción subjetiva. Una baja comunicación entre ambos conlleva la aniquilación de la identidad, como se observa en pacientes con demencia. Un exceso de comunicación supone una visión excesivamente centrada en nuestra persona. Es el equilibrio entre el corazón y el cerebro lo que nos proporciona una experiencia subjetiva ecuánime. Aquella máxima de que «no vemos las cosas como son, sino como somos», encuentra hoy su explicación biológica. Recordemos que, para Heidegger, la experiencia saca el corazón de nuestro pecho y se lo entrega al mundo. El corazón custodia al ser, según la filosofía heideggeriana.

Una biofenomenología que pretenda comprender la experiencia humana incluyendo el cuerpo debe abarcar el intestino y el corazón, así como al resto de los órganos. Me atrevo a decir que el útero sería un centro clave en esta representación. Sin embargo, la experiencia como encuentro consciente entre lo externo y lo interno se apoyaría, con algo más de énfasis, en aquel proceso corporal que sí podemos moldear a voluntad: la respiración. Hemos visto en la neuroanatomía de la respiración que la toma de consciencia de este proceso está asociada a la reorganización de áreas cerebrales relevantes para la cognición, la emoción y la conducta. Pero esta práctica parece profundizar algo más y, en palabras de Heidegger, podría suponer una «reconstrucción de la mirada que busca lo oculto detrás de lo manifiesto».

La experiencia del encuentro con uno mismo a través de la consciencia de la respiración tiene su asiento y deja su impronta en el cerebro. El profesor Yair Dor-Ziderman de la Universidad Bar Ilán de Ramat Gan (Israel), con el que tuve el honor de charlar en un congreso, propone un concepto que considero apropiado por lo evocador de su imagen: define el *yo mínimo* como la conciencia de uno mismo que nos sitúa como sujetos inmediatos de la experiencia. Es, por lo tanto, no reflexivo, centrado en el momento presente, sin juicio y experiencial. Su rasgo fundamental es que implica un sentido de propiedad y de agencia: es el sentido de que soy yo quien está viviendo esta experiencia. Antonio Damasio le otorga, además, la característica de ser intermitente y transitorio.

Como alternativa al estado de yo mínimo se encuentra el del *yo narrativo*, ligado al lenguaje, a la memoria autobiográfica, a la planificación y a la personalidad. Lo conocemos muy bien, cada uno de nosotros y también la literatura científica. Ha sido bautizado como «yo extendido», «yo autobiográfico» o «yo conceptual», y se ha asociado, principalmente, a la red neuronal por defecto, estructuras de la línea media y la corteza prefrontal medial, con mayor intensidad en el hemisferio izquierdo. Son áreas estrechamente involucradas en la percepción autorreferencial. Por otra parte, se ha observado que este estado conlleva oscilaciones neuronales muy rápidas, como gamma con ritmos superiores a los cien disparos por segundo. La disolución del *yo narrativo* durante la observación de la respiración supondría, por lo tanto, una reducción o ralentización de los ritmos neuronales.

Los correlatos neuronales del *yo mínimo* son más difíciles de establecer, pero hay consenso en atribuir un papel primordial al lóbulo parietal inferior y a la ínsula. Respecto a los ritmos neuronales que conlleva este estado, hay bastante contradicción en la literatura científica, postulando que puede adoptar formas muy variadas de oscilaciones, aunque las oscilaciones beta y alpha serían esenciales.

Paradójicamente, cuando nos preguntamos quiénes somos, recurrimos o nos anclamos a ese *yo narrativo*, estático, que nos define. Hemos nacido en un lugar concreto, podría haber sido otro, pero fue ese. Hemos estudiado o no. Somos tranquilos o inquietos, inteligentes o perezosos, más o menos agraciados en belleza. A todos se nos da la intención como regalo de bienvenida y la voluntad como herramienta del escultor. Sin embargo, solemos identificarnos con aquello que puede ser definido con palabras, o más bien adjetivos. La literatura científica coincide con otras disciplinas: aferrarse al *yo narrativo* es inseguro, arriesgado para el equilibrio de la salud mental. Trabajar en la desidentificación con el *yo narrativo* desemboca en una representación más positiva de uno mismo, una mayor autoestima y aceptación y un menor apego, lo que dota de solidez a la salud mental.

Quizás no se trate tanto de condenar al *yo narrativo* como de moderarlo. Ni de ensalzar al *yo mínimo* como cima de la consciencia. Según la psicóloga Kalina Christoff, con la que coincido, el puente entre el *yo mínimo* y el *yo narrativo* es el lugar donde habitan la percepción, la cognición, la emoción y la acción. Sería, a mi entender, el puente que vincula la construcción con el habitar. Y «solo si tenemos la capacidad de habitar, podemos construir», asegura Heidegger.

IV

EPISTOLARIO
DE LA RESPIRACIÓN

«*Amor mundi*: ¿por qué es tan difícil amar el mundo?».

HANNAH ARENDT

Martin Heidegger es considerado uno de los pensadores más influyentes de la historia, el «rey en el reino del pensamiento». Sin embargo, como ya he mencionado, su figura no ha estado exenta de polémica por su apoyo al nacional-socialismo, que, en aquel momento, aterraba al mundo. Todavía hoy se sigue investigando lo que muchos consideran una contradicción: cómo alguien tan inteligente y reflexivo pudo justificar la barbarie nazi. Para añadir aún más misterio a su personalidad, se sabe que se enamoró de una estudiante brillante: la judía Hannah Arendt.

Hannah nació un 14 de octubre de 1906 en la ciudad alemana de Hannover en el seno de una familia judía de clase alta con gran presencia en los círculos intelectuales locales. Su interés por la filosofía brotó con tan solo catorce años, edad a la que leyó la *Crítica de la razón pura* de Kant. En 1924 se trasladó a la ciudad de Marburgo para iniciar sus estudios en Filosofía, precisamente en la universidad donde Heidegger impartía clases. Y surgió el amor entre ambos. La diferencia de edad, diecisiete años, la posición de Heidegger y, por supuesto, su condición de casado empujaron a la relación a la clandestinidad, aunque se tratara de un secreto a voces entre los académicos alemanes.

Algunos autores aseguran que la presión y el aislamiento social a los que estaba sometida la joven Arendt en Marburgo hicieron que se trasladase a la Universidad de Friburgo y, posteriormente, a la de Heidelberg, para continuar sus estudios, ampliar su círculo intelectual y codearse con grandes de la filosofía como Husserl o Jasper. En 1928 se doctoró en la Universidad de Berlín con una tesis sobre el concepto del amor en san Agustín.

Con la llegada al poder del Partido Nazi, sufrió la persecución a la que fue sometido el pueblo judío: le retiraron la nacionalidad alemana en 1937, fue encarcelada y duramente criticada. Todo esto provocó su marcha a Estados Unidos, donde se nacionalizó en 1951 y trabajó como periodista y docente, actividades que compaginaba con su labor de ensayista de filosofía. Su pensamiento se centró, principalmente, en la filosofía política.

El desarrollo de su vida académica y su brillantez intelectual han convertido a Hannah Arendt en una de las pensadoras más influyentes de la historia.

Hannah Arendt estuvo casada dos veces, primero con el filósofo Günther Anders y finalmente con el periodista Heinrich Blücher. Martin Heidegger se casó con Elfriede Petri, aunque la historia recuerda más su idilio con Arendt que a su esposa. La vida sentimental de ambos quedó marcada por su contradictoria historia de amor; una historia discordante por lo convulso del momento histórico, la diferencia de culturas y pensamientos, la moral católica y la protestante, y el prestigio del profesor. Una vez más, la paradoja habitaba el cuerpo de Heidegger: «De pronto cayó de rodillas ante mí. Yo me incliné hacia él y él elevó sus brazos, y yo tomé su cabeza entre mis manos y él me besó, y yo lo besé», confiesa Hannah, mientras que Martin la define como «la pasión de mi vida».

El romance entre los filósofos quedó documentado con la publicación de su correspondencia por Ursula Ludz, la editora de Arendt, con la ayuda de Hermann, hijo de Heidegger. Más de cien cartas entre los años 1925 y 1950, la mayoría de ellas fechadas por la propia Hannah, quien guardó la correspondencia y los poemas que Martin le dedicó en un cajón del escritorio de su habitación. Fueron descubiertas cuando murió, el 4 de diciembre de 1975.

Aquel verano de 2024, mientras volaba entre Palma y Zúrich, con destino final en Friburgo, leí algunas de estas cartas, mientras fantaseaba con la idea de visitar la cabaña del filósofo y allí contarle, como si aún viviera, los últimos descubrimientos de la neurociencia. «La filosofía no hace descubrimientos», habría replicado. Su resistencia a la ciencia y el ingente número de curiosos que se acercarían a él, como yo, hubiera hecho imposible que me encontrase con Heidegger.

Así que, en ese vuelo, comencé a reescribir las cartas entre Hannah y Martin, trayéndolas a un presente científico y arrojándolas a mi propio mundo. Me he inspirado en algunos párrafos de sus cartas, los que abren y cierran su correspondencia. El resto es cosecha propia que he adaptado para transmitir las prácticas de observación de la respiración más estudiadas científicamente. Me disculpo de antemano por la osadía, pero en aquel momento necesitaba hacerlo y hoy compartirlo.

Carta 1

Contemplación de la respiración

Querida señorita Arendt:

Alguna noche iré a verla para hablarle al corazón. Solo si somos claros seremos dignos de encontrarnos. Gracias por confesarme su «inquietud». Permítame que le sugiera en estas líneas la tarea a la que yo me entrego cada mañana al despertar. Aunque a veces la tarde me lo permite con mayor holgura.

Querida Hannah, elija una estancia tranquila de la casa. A ser posible evite el sonido o los ruidos, ya sean de la radio o de la calle. Cierre las ventanas si es el caso. El silencio debe acompañar cualquier encuentro íntimo. Y este es el más íntimo de todos, porque se encontrará con usted misma.

Póngase de pie, preferiblemente descalza para poder sentir el suelo y arraigarse a la tierra. Extienda los dedos de los pies. Su encogimiento y opresión son interpretados por el cerebro como señales de alarma. Digámosle al cerebro, desde los pies, que goza de libertad. Mueva y, sobre todo, sienta los pies. Haga de esa sensación de libertad la reinante a lo largo de las piernas. Y, desde ahí, mueva ligeramente las caderas.

Respire hondo, y en cada exhalación deje caer los hombros como si fueran espuma que flota en el espacio. Su cuerpo, ahora, no lucha contra la gravedad, sino que se entrega a ella en un fino equilibrio que la mantiene en pie.

Y siempre, siempre, pacifique el gesto de su cara.

Manténgase ahí, respirando suavemente y sintiendo el cuerpo como una unidad. No dedique su atención a ninguna parte concreta de su cuerpo, sino al cuerpo en sí.

Nuestro colega Merleau-Ponty lo adelantó y hoy lo confirman los neurólogos. Para cualquier trabajo con la mente hay que preparar al cuerpo antes. La vida frenética y los múltiples compromisos que hoy nos ocupan llevan a nuestro cerebro a un estado de constante agitación al que se apega con fuerte resistencia. No es fácil atenuar la actividad eléctrica de un órgano cuya capacidad de aceleración es mucho más intensa que su disposición a enlentecer. Por ello recurrimos al cuerpo, su referencia primordial, cuyos susurros escucha con mayor acatamiento que nuestras firmes palabras.

Siga sintiendo el cuerpo, Hannah, durante unos minutos.

Quizás estos pasos le parezcan innecesarios para una tarea que juzgamos como puramente mental. Sin embargo, solemos caer en el error de sentarnos a contemplar sin habernos preparado. La transición es ya parte de la práctica. Una parte fundamental que la impaciencia hace olvidar. Se trata del acercamiento al encuentro con uno mismo. Un acercamiento que debe ser consciente, pausado y corporal.

Lentamente, tome asiento. En Oriente se sientan en una alfombra o cojín, con las piernas cruzadas. Pero, querida Hannah, a mí me resulta más sencillo hacerlo sentado en una butaca o silla. También es válido. Lo importante es mantener la espalda recta, evitando constantemente la tensión. Tumbarse puede llevarnos a un estado de somnolencia, si no estamos acostumbrados. Mejor permanezca sentada y deje las manos caer sobre sus piernas. No olvide vigilar la espalda, recta pero con dulce firmeza.

Contemple ahora su propia respiración. *Contemplar* deriva del latín *contemplari*, «observar atentamente un espacio determinado»; en última instancia, de *templum*, por lo que significa también «estar en el templo». Querida Hannah, está usted ahora mismo contemplando en la intimidad su propio templo. No se trata de un entrenamiento mental, es un encuentro. Observe las sensaciones que produce la inhalación en su cuerpo. Se puede detener en la temperatura del aire al entrar por las fosas nasales. Esas mismas sensaciones dibujan en su mente el recorrido del aire por su nariz. La inhalación es un proceso de resistencia, observe la expansión y presión sobre su pecho y abdomen. Sentirá su diafragma bajar. La exhalación es más abrupta, como si el aire quisiera fugarse. Contémplelo. Sienta cómo se relaja su vientre, el diafragma se aboveda. Dé cuenta de la huella que deja la espiración en su cuerpo. Como si de una rendición se tratase, la exhalación atenúa los mecanismos cerebrales de la angustia. Respete la apnea que la sigue, esa suspensión de la vida encierra grandes misterios.

Concéntrese en su respiración sin alterarla, respetando su esencia, sea cual sea. Obsérvela como aquel que se asoma a un balcón sin ánimo de ver nada. Como si supiera que debe mirar con unos ojos que esperan eternamente. No hay absolutamente nada más que hacer. La vida nos permite este escondite.

Usted y yo somos gente de pensamiento, acostumbrados a analizar, examinar y juzgar. Abandone por unos instantes estos valiosos recursos. Aquí, paradójicamente, solo dificultan la tarea e impiden sus beneficios. Analizar en vez de contemplar, en esta práctica, puede dañarnos convirtiendo una labor fructífera en un obstáculo para nuestra psicología.

Siga observando su respiración, querida Hannah. Enfoque su atención, una vez más, en su nariz. Note el cosquilleo que puede acompañar a la exhalación. Observe como cada inspiración mueve con sutileza su cuerpo y sienta el péndulo del movimiento corporal entre cada inhalación y exhalación. Expansión y contracción. Es la vibración que permite la vida. No olvide que su mirada es la de aquella que se encuentra con su templo.

No piense, querida Hannah, que estos minutos de práctica que no suelen superar la media hora han sido en balde. Comprendo que la densidad de nuestras agendas no permite muchos huecos, pero entenderá con el tiempo que este pequeño retiro es prioritario y se tornará necesario cuando saboree sus beneficios. Yo mismo he juzgado muchas veces como más importante cualquier otro ejercicio intelectual. Por supuesto, no los descarto, pero ahora sé que estos paréntesis permiten a nuestro cerebro florecer.

La actividad neuronal, cuando contemplamos nuestra respiración, es superior a cuando dirigimos la atención a cualquier estímulo del exterior. Al hacerlo se fortalece un área cerebral llamada corteza cingulada, exactamente su parte anterior, que está más cerca de la frente, y esta región está involucrada en la gestión del estado de ánimo, al que dedico tantas horas de mi pensamiento.

Durante esa escasa media hora de observación interior de la respiración se produce un crecimiento de las conexiones neuronales, y se organizan de forma más óptima las redes cerebrales que se encargan de nuestra conducta. Y digo óptima, querida Hannah, porque, según cuentan los colegas neurólogos, esos cambios cerebrales que provocamos al observar la respiración están asociados a un mayor bienestar y a la prevención de alteraciones mentales. Le confieso que me asombró leer en las revistas científicas que la actividad del cerebro es mayor cuando la mirada se dirige hacia dentro que cuando observamos lo ajeno, como si el cerebro supiese que es a él a quien se está observando. Pero ¿cómo lo iba a saber? Sin duda, es volver al templo.

Observe, querida Hannah, que, pese a todo, su cuerpo siempre sigue respirando. Ánclese a la respiración como el barco amarrado ante la tormenta. Siempre estará ahí para usted. Siempre permite ese cobijo en el que contemplar sin esperar nada. Deje atrás toda pretensión de comprensión y control, le aseguro que no la ayudarán. Mantenga la mirada en su respiración, una mirada siempre amorosa.

«¡Alégrese!», es ahora el saludo que le dirijo. Solo si se alegra, será usted aquella que puede dar alegría y alrededor de quien todo es alegría, recogimiento, descanso, adoración y gratitud a la vida.

Alégrese, mi buena Hannah.

Su

M. H.

Carta 2

El baile de la atención

Querido Martin:

Tu hermosa carta de febrero, la de la práctica de la contemplación de la respiración, me ha acompañado durante estas semanas. Aún la tengo sobre mi escritorio, en parte como talismán, por superstición, y en parte porque, ahora que lo he comprendido más o menos todo, me gusta abrirla simplemente y leerla un poco.

Me gustaría comentarte mi experiencia y lo que he averiguado. Reconozco que, al leer tu carta, la práctica que me sugerías me pareció sencilla, quizás insultantemente sencilla para una mente acostumbrada a la concentración y a la exploración de conceptos tan abstractos como la metafísica o tan exasperantes como la política actual. Sin embargo, te reconozco también que esta práctica me resulta inesperadamente difícil. Aún hoy, después de semanas de desempeño.

Encuentro calma y recogimiento en la parte inicial, en el encuentro pausado con mi cuerpo, y hasta diría que ahí mi atención es capaz de asentarse en esas sensaciones. Los impedimentos llegan cuando, ya sentada, me dispongo a observar mi respiración. Me surgen varios dilemas.

Por una parte, la duda sobre qué observar. Buscando en la literatura científica aprendí esta estrategia: primero me concentro solo en la inspiración y las sensaciones que genera la entrada de aire en los orificios nasales; me ayuda, por ejemplo, centrarme solo en la sensación de frescor. Después, presto atención exclusivamente al proceso de absorción que se genera en mi pecho para introducir el aire. Es curioso que algo así se realice de forma automática tantas veces al día sin que te des cuenta. Me sentía más *respirada* que respiradora. Luego paso a observar tan solo la exhalación y la sensación de vacío que deja en mí. Así, una a una y por separado, voy recorriendo con la atención las fases del ciclo, hasta que pasado un rato observo el ciclo completo, como una sucesión de pasos. He de admitir que este truco lo he aprendido del doctor Jon Kabat-Zinn, un biólogo molecular de Boston. ¡Divide y vencerás!

El segundo dilema fue el de distinguir entre la observación y el análisis. Te pongo un ejemplo: al observar las sensaciones que produce la entrada de aire en mi nariz noto una sensación de frescura. E interiormente me digo: «El aire es fresco, la sensación es casi molesta». Me he sentido como una narradora más que como una observadora de mi respiración, como una periodista de un diario sensacionalista. Me he descubierto a mí misma vigilante de cualquier sensación, sensible a lo que me sucediese. Como hiciste bastante énfasis en este punto, me preocupó estar analizando en vez de contemplando.

Por casualidades de la vida, Heinrich y yo asistimos hace unos días a una cena organizada por la Sociedad Americana de Medicina y allí coincidimos con la profesora Sara Lazar, investigadora de la Universidad de Harvard. Una mujer fascinante, rigurosa y prudente, que ha sabido consolidar la neurociencia de la meditación como un campo de investigación reconocido por la comunidad científica. Aproveché su bagaje y amabilidad para preguntarle por este dilema.

La profesora Lazar me contó que, según sus estudios de neuroimagen, la diferencia entre observar y analizar reside en el juicio. Cuando observamos la respiración se activan áreas cerebrales involucradas en la percepción sensorial. Las mismas que cuando observamos, por ejemplo, un vaso. Sin embargo, cuando analizamos incorporamos la valoración emocional de aquello que percibimos. Por ejemplo: el vaso es bonito o feo. En este caso, según experimentos realizados con resonancia magnética, se activa también la amígdala, región cerebral considerada como el principal centro de procesamiento de la información emocional. Así que cuando interiormente digo «el aire es fresco, la sensación es casi molesta», en la primera parte de mi frase he activado áreas de percepción, y en la segunda he activado la emoción.

Imagino, Martin, que te estarás preguntando, al igual que hice yo, por qué en la práctica de observación de la respiración se evita involucrar el juicio emocional. La profesora Lazar también investigó esta cuestión en colaboración con la Universidad de Múnich, con otra mujer, la profesora Britta Hölzel. Según sus estudios, solemos dar una valoración emocional a todo lo que nos sucede, estando así muy pendientes de cómo nos sentimos o cómo nos afecta lo que acontece. Sin embargo, no es una valoración que hagamos para dar cuenta de nuestro estado, sino para apegarnos a esa sensación y así vivirla con intensidad. La práctica de la observación de la respiración se supone ecuánime porque nos permite ejercitar la observación separándonos de la emoción que nos produzca. «No se trata de no sentir», enfatizó la profesora Lazar, sino de no introducirse en la emoción.

Me comentaba la doctora que, según sus investigaciones, con tan solo ocho semanas de práctica diaria se reduce el volumen de la amígdala y, por lo tanto, la sensación de estrés asociada a situaciones desagradables. Dada mi ignorancia le pregunté si, al acabar la práctica, la amígdala volvía a su volumen inicial. Con una tímida, o contenida, sonrisa, me respondió que la reducción amigdalina se mantiene a lo largo del día mientras se realice una práctica diaria de al menos media hora.

Heinrich y yo nos quedamos mirando a aquella mujer, sin saber muy bien qué implicaba eso. Ella, avispada o acostumbrada, se dio cuenta, y nos contó que la vida estresante que llevamos ha aumentado el volumen de la amígdala y eso provoca una mayor reactividad emocional, como ponernos nerviosos ante pequeños imprevistos o responder desmesuradamente ante un conflicto. «Al reducirse la amígdala, pasamos a responder más que a reaccionar. Además, los tiempos de recuperación de una situación estresante se reducen», añadió.

La práctica ecuánime de observación de la respiración nos sitúa en el papel de público de nuestro propio teatro. Y la verdad, Martin, ayuda mucho bajarse del escenario de vez en cuando.

Así que durante unos días pude observar mi respiración y me he dado cuenta de mi tendencia a valorar emocionalmente todo lo que me sucede. Y no solo he practicado esta enseñanza durante la meditación; fue aún más interesante hacerlo durante el día. La semana pasada, por ejemplo, conocí a Mary McCarthy en el Murray Hill Bar de Manhattan. He de decir que nuestro primer encuentro no fue cómodo, y aproveché esta situación para observar mis emociones desde la platea a la vez que les permitía expresarse. Te lo recomiendo, Martin. Ya te iré contando cómo va mi amistad con McCarthy, parece una mujer muy interesante.

Fiel a tus sugerencias, he seguido practicando día a día. Los primeros obstáculos no me permitían enfrentarme al gran impedimento: sostener la atención durante algo más de un minuto. Una vez sentada, comienzo a observar, de forma ecuánime, las sensaciones asociadas a la respiración. Como te decía al principio de mi carta, al leerte por primera vez me pareció una tarea extremadamente fácil. Pero, después de unas pocas respiraciones, me sorprendo distraída, con la atención en otro lugar que no he elegido. ¡Qué ejercicio de humildad es reconocer el corto alcance de nuestra voluntad! Mi intención era honesta y firme: mantener la atención en la respiración, pero no me di cuenta hasta entonces de que la intención es eso, no asegura la ejecución de su propósito. En nuestra mente operan procesos que responden a la voluntad, pero coexisten con aquellos que son involuntarios. Reconozco que hasta ahora solo me he identificado con mi intención, llegando a sobrevalorar su capacidad y radio de acción. Este encuentro con mi parte involuntaria me ha hecho abrazar una parte de mí que desconocía y que me ha conducido a una mirada más cautelosa sobre mi propia mente. No creas, Martin, que mi atención se desviaba al pensamiento de alguna cuestión importante. De repente me descubría cavilando sobre la compra, al instante viajaba hasta los cafés de Lisboa, e inmediatamente después me enfrascaba en una calurosa discusión imaginada con tu esposa Elfriede. Todo sin un orden claro, sin un hilo conductor que poder rastrear, como destellos fugaces que hipnotizan mi mirada y voy tras ellos.

Reconozco que el encuentro con la propia sombra me tuvo presa durante algunas semanas. Mi práctica se interrumpió ante mi viaje a Israel. La revista *The New Yorker*, en la que escribo, quiso que asistiese como reportera al proceso contra Adolf Eichmann por sus crímenes contra el pueblo judío. Extendí mi viaje unos días para visitar la Universidad de Bar Ilán, en Ramat Gan, a pocos kilómetros de Tel Aviv. Allí trabaja Moshe Bar, un neurocientífico que estudia los procesos de divagación mental. Muy amable, me recibió en su laboratorio y le expresé mi frustración por no poder mantener mi atención en la respiración más que unos minutos. «La meditación no consiste tanto en sujetar la atención como en familiarizarse con ella», así comenzó su exposición. Me contó que la atención conlleva en el cerebro procesos de distracción que son naturales y que tienen su explicación evolutiva. Esto cambió mi consideración de esas interrupciones: saberlas naturales y necesarias disminuía mi furia contra ellas. Un cerebro no ejercitado en la atención entra con facilidad en pensamientos involuntarios, que brotan de forma recurrente y la acaparan. Es una tendencia del propio órgano, y se considera su estado por defecto. Mantener la atención es lo difícil.

Sin embargo, la práctica de la meditación de la respiración se apoya en aprender a dar cuenta de estas distracciones. Moshe me puso un ejemplo: entre sus estudiantes, seleccionó un grupo de voluntarios que nunca habían practicado la contemplación de la respiración y los invitó a hacerlo durante media hora. Al acabar la sesión les preguntó cuántas veces se habían distraído. La respuesta media fue unas cinco veces. Al cabo de unas semanas repitió el experimento y la pregunta: la respuesta fue que se habían distraído más de treinta veces. ¿Se distraían más? No. Con el ejercicio de la práctica, se daban más cuenta de las distracciones. En realidad, y en promedio, se habían distraído unas sesenta veces en media hora. Durante la primera práctica, su pobre consciencia de la propia atención solo había detectado cinco de las sesenta veces. Unas pocas semanas de entrenamiento les permitió descubrir la mitad de las que habían sucedido. Los estudiantes habían mejorado su autoconsciencia, y de eso trata la meditación. Pero, no satisfecho con el resultado, Moshe introdujo las cabezas de los participantes en una máquina de medición del campo electromagnético cerebral. Los resultados mostraron que la detección del propio estado mental se acompañaba de un crecimiento en las áreas de la corteza cingulada anterior, que tú mencionabas en tu carta, y de la ínsula. Ambas forman la red de prominencia y permiten ser consciente de uno mismo. Su relato me ayudó a comprender que meditar no es sujetar la atención en la respiración, sino que, en el intento de hacerlo, se aprende a conocer la cara oculta de la mente.

Ahora doy las gracias a las distracciones como mis maestras y me siento con la intención de observar las sensaciones que deja en mí la respiración. Igual que antes. Pero la llegada de una distracción, o el momento en el que me doy cuenta de que está ahí, se convierte en una observación de la misma, donde la frustración previa ha dado paso a la aceptación, y con amabilidad redirijo la atención a mi objetivo inicial: la respiración. Meditar no es dejar la mente en blanco, me recordaba el profesor Bar, sino colocar la atención en el asiento de las sensaciones de la respiración y volver a intentar sentarla una y otra vez cuando se levante. A mi vuelta a Nueva York pude practicarlo desde esta perspectiva y me resultó más natural.

Me pregunto cómo estaréis. Sería bonito volver a verte. Sería bonito mantener una conversación. Pienso al menos que te va bien. Y me alegro cuando lo pienso.

Con mis mejores deseos y cordiales saludos,

Hannah

Carta 3

Respirar lento

Queridísima:

Llevo varios días aquí, trabajando con mis alumnos. Antes, pasé dos semanas con Elfriede en Baden-Baden, donde visité por primera vez en mi vida un balneario, lo que me convirtió en algo perezoso. Te doy las gracias por la valiosa información que compartes. Los obstáculos del camino son un experimento; solo puede estar dispuesto a leerlos como tú quien ya los conoce. Son unos pocos. Pero esos pocos ya son suficientes. Son capaces de aguardar. La diferencia entre eso y la esperanza es abismal. La esperanza forma parte del ámbito de la maquinación y de la producción de «felicidad».

Mi estado de ánimo se encuentra suspendido entre la angustia y el tedio. A principios de enero me dio de pronto en la noche una gripe viral, y los dolores musculares, el cansancio y la preocupación por el trabajo pendiente me han llevado a un abatimiento que desconocía.

He rechazo presentarme al Congreso Internacional de Filosofía, en Viena, pero tuve fuerzas para inmiscuirme en la reunión anual de la Sociedad de Odontología que se celebraba en la Universidad de Friburgo. La curiosidad y la necesidad me empujaron, además de mi responsabilidad como rector. Un colega de departamento me comentó que en la reunión se hablaría de técnicas de respiración para el dolor y la angustia, por eso me acerqué a profesionales tan ajenos a mi labor académica. La sugerencia con la que abandoné el congreso es la práctica de la *respiración lenta*.

Permíteme, querida Hannah, que comparta contigo lo aprendido.

Según los estudios más recientes, cada vez respiramos más rápido, unas quince veces por minuto. La respiración lenta se define como aquella que está por debajo de unas diez respiraciones por minuto. Los especialistas comentaron que se sabe desde hace décadas que la respiración lenta favorece a personas con hipertensión, ya que su práctica durante escasos minutos produce una reducción momentánea de la presión arterial y regula el ritmo cardíaco.

Según me comentó el doctor Walter Magerl, de la Universidad de Heidelberg, estudios basados en neuroimágenes han mostrado que la respiración lenta activa en el cerebro regiones como la corteza prefrontal, los sistemas límbicos y las cortezas motoras y parietales. Por lo tanto, al respirar lento se favorecen procesos como la cognición, la gestión de las emociones y las sensaciones corporales.

Me resultó curioso que los neurólogos que trabajan en las unidades del dolor de los hospitales estuvieran tan interesados en esta técnica. La razón es que tiene efectos analgésicos sobre el cerebro. Un estudio realizado entre la Universidad Complutense de Madrid y el Centro de Biotecnología de Vitoria mostró que la práctica regular de la observación de la respiración y la ralentización de la frecuencia respiratoria mejoraban significativamente la calidad de vida de pacientes con dolor crónico, en este caso por discopatía —el desgaste de los discos intervertebrales—. Al parecer, esto se debe a que los umbrales del dolor, aquellos que fijan la intensidad de una sensación para ser percibida por el cerebro como dolorosa, aumentan y, por lo tanto, se presenta una mayor resistencia al dolor. Además, algo curioso, según estudios realizados en la Universidad de Burdeos, cuando esperamos la llegada de un dolor, lo amplificamos. Es decir, nos duele más. Sus experimentos mostraron que la práctica de la observación de la respiración controla este mecanismo automático del cerebro impidiendo la amplificación. El doctor Antoine Lutz, neurocientífico especializado en la percepción del cuerpo, que por allí andaba, me recordó que no se trata de que desaparezca el dolor, sino de no intensificarlo: «Aprender a distinguir entre dolor y sufrimiento es también una tarea mental», me comentó.

Querida Hannah, estos tiempos políticamente convulsos y la velocidad que está tomando el curso de nuestras vidas han disparado los niveles de ansiedad en la sociedad. Ya sabes que dedico largas horas de mi labor académica a explorar el estado de ánimo, con especial dedicación a la angustia, el aburrimiento y el hastío. Instruir, desde las escuelas y en los centros educativos superiores, en técnicas de prevención y atenuación de la ansiedad se ha tornado un tema urgente. En dicho congreso reparé en lo económico de estas técnicas, tanto por su nulo coste como por su facilidad de aplicación. La respiración lenta se me antoja una herramienta que cada cual debería llevar en su bolsillo. El profesor Mark Krasnow, de la Facultad de Medicina de la Universidad de Stanford, expuso los mecanismos cerebrales por los cuales la respiración lenta induce a la calma. Sus experimentos y los de otros colegas en diferentes centros de investigación han mostrado que reduce el estrés fisiológico al disminuir el tono simpático del sistema nervioso y aumentar el parasimpático. Además, un estudio más detallado de la anatomía cerebral ha señalado que el marcapasos neuronal que da cuenta de cómo respiramos, llamado complejo preBötzinger, reduce la actividad límbica o emocional del cerebro cuando el ritmo de la respiración es lento.

Imagino, querida Hannah, que después de leer estos beneficios, estarás deseando conocer cómo se lleva a la práctica. Permíteme que te transmita lo que he aprendido de estos profesionales.

Al igual que en cualquier práctica de contemplación, tómate un tiempo de reencuentro contigo misma. Te invito de nuevo a buscar un espacio de tranquilidad en casa o en un parque. Aunque si la situación lo requiere, esta práctica bien puede hacerse en el lugar de trabajo. ¡La respiración y su contemplación son muy discretas!

Toma consciencia de tu cuerpo. Siente los pies en el suelo, expande los dedos, siente el cuerpo perder rigidez en la exhalación, dejando los hombros caer. Sostén tu cuerpo recto, pero sin tensión. Y pacifica el gesto; eso siempre, Hannah. Respira naturalmente, como estabas haciendo hasta ahora. Deja que tu respiración se muestre ahora tal cual es. Y permítele ese espacio de libertad durante unos minutos.

Poco a poco vamos a ir ralentizando la respiración. Al inspirar, cuenta hasta tres. Uno, dos y tres. Normalmente tardamos un segundo y medio en inspirar, así que estamos forzando la respiración para dilatar ese tiempo. Inspiramos en tres segundos. Uno, dos y tres. Un reloj puede ayudarte al principio. La inspiración debe estar presente durante esos tres segundos. Poco a poco, irás adquiriendo destreza en adaptar la inspiración a ese tiempo, de forma natural la entrada de aire concluirá en tres segundos. Requiere su tiempo: paciencia y mirada amorosa en este aprendizaje.

Uno, dos, tres. Inspirando.

La espiración debe prolongarse, exactamente debe ser el doble que la inspiración.

Querida Hannah, espira contando hasta seis. Uno, dos, tres, cuatro, cinco, seis. Adapta la salida del aire a ese nuevo intervalo. Poco a poco se irá ajustando. Requiere su tiempo: paciencia y mirada amorosa en este aprendizaje.

Uno, dos, tres, cuatro, cinco, seis. Espirando.

Repite este ciclo 3-6 durante unos diez minutos.

Evita la tensión. No pasa nada si no se adapta. Ya lo hará. Paciencia y mirada amorosa en este aprendizaje.

Uno, dos, tres. Inspirando.

Uno, dos, tres, cuatro, cinco, seis. Espirando.

Notarás que de vez en cuando sientes la necesidad de realizar una respiración profunda que rompe el ritmo. Permítela, es la corteza frontal reforzando el control consciente de la respiración. Gran parte del tiempo es automática y, por lo tanto, controlada por estructuras profundas del cerebro. El control consciente de la respiración se realiza desde la corteza frontal y, para mantenerlo, sugiere de vez en cuando una inspiración fuerte que reorganiza sus redes cerebrales en esa costosa tarea de controlar voluntariamente las vísceras. Pero vuelve al marcapasos.

Uno, dos, tres. Inspirando.

Uno, dos, tres, cuatro, cinco, seis. Espirando.

Si después de unos diez minutos te sientes cómoda en este ritmo, te invito a ralentizarlo aún más.

Uno, dos, tres, cuatro, cinco. Inspirando.

Uno, dos, tres, cuatro, cinco, seis, siete, ocho, nueve, diez. Espirando.

No dejes de observar la respiración, sigue siendo un encuentro con el templo. Que los números no te distraigan. Son solo el dedo que señala la luna.

Uno, dos, tres, cuatro, cinco. Inspirando.

Uno, dos, tres, cuatro, cinco, seis, siete, ocho, nueve, diez. Espirando.

Con paciencia y mirada amorosa siempre, querida Hannah.

Espero que esta herramienta te ayude tanto como a mí.
Te saluda como siempre,

Martin

Carta 4

La palabra respirada

Querido Martin:

Desde hace días quiero escribirte, y expresarte cómo me ayudó tu carta. Pero no puedo escribir; a lo mejor podría hablar, pero escribir no puedo. Estos días he vivido con intensidad y casi obsesión los malentendidos que han surgido entre tu esposa y yo. Aquella fatídica conversación vuelve a mi mente como una noria que no cesa su giro. Las frases, los silencios, las miradas entre ambas se han anclado en mi memoria y han convertido mi presente exclusivamente en ese pasado. No puedo escapar de ello. A veces asemejo mi cabeza a una radio cuya emisión es interminable, cuyo volumen no puedo reducir y cuya temática sobrevuela siempre el mismo tema. Se ha convertido en un tormento del que solo quiero escapar.

He releído con atención tu libro *¿Qué significa pensar?* en busca de pistas que me ayuden a ahogar mi lenguaje interior. Pero la voluntad del cuerpo es otra: alimentar la verborrea pese a mi oposición y a mi angustia. Es un combate que siempre pierdo. Y cuanto más me ofusco en ese empeño, más crece la furia de la cacofonía.

¡Qué alto es el precio del lenguaje, Martin!

Solo hay un momento donde la obsesión enmudece y quería compartirlo contigo.

He retomado la práctica de la contemplación. Respeto meticulosamente la preparación del encuentro con mi templo, tomando consciencia lentamente de mi cuerpo, dejando caer los hombros y manteniendo el equilibrio entre la rectitud de la postura y la relajación.

Una vez sentada en un rincón de la casa, comienzo con la observación ecuánime de la respiración. Y es en ese momento cuando el pensamiento obsesivo de nuestro conflicto sentimental entra invadiendo cada uno de los recodos de mi mente. No me permite ni dos respiraciones libres de manía. El arrebato de comprimir el mundo en palabras me roba cualquier intento de silencio. Así que he cedido a sus impulsos y he convertido una palabra en mi tabla de salvación. Ahora observo mi respiración recitando en silencio o en susurros una palabra, un mantra.

He de ser sincera, una vez más. Contigo siempre, Martin. En mi última visita a Israel, unos amigos organizaron una cena en mi honor, a la que invitaron a destacados profesores de las universidades más relevantes del país. Entre ellos se encontraba el doctor Rafi Malach, del Instituto Weizmann. Su ojo clínico y el vino que recorría mis venas hicieron que me sincerase con él en la terraza del apartamento. Le transmití mi inquietud por un delicado asunto amoroso y le rogué, como neurólogo, que investigaran y desarrollaran algún dispositivo que apagase la «cacofonía interior» que me estaba volviendo loca. Él sonrió con compasión, conocedor de las consecuencias de los pensamientos obsesivos que todos sufrimos a lo largo de nuestra vida. Con gran cariño, me habló de un experimento que realizaron hace unos años.

El doctor Malach y su equipo reclutaron a un grupo de personas sin experiencia en meditación. Se les pidió que repitiesen una palabra durante un tiempo, unos quince minutos, y mientras, midieron con una resonancia magnética funcional los niveles cerebrales de oxígeno en sangre. En un primer momento, los participantes debían repetir en silencio «uno», *echad* en hebreo. Después debían vocalizar en silencio palabras que comenzasen por una letra determinada. Así, los investigadores comparaban el efecto en el cerebro de repetir una palabra, por neutra que sea, con el de pronunciar diferentes palabras. Es decir, querían observar el impacto de reiterarla en silencio a un ritmo libremente elegido.

Los resultados mostraron que la repetición producía una disminución generalizada de la actividad cerebral, especialmente en las regiones de la red neuronal por defecto. El profesor Malach me recordó que esta red está involucrada en procesos internos relacionados con uno mismo, y que se activa con mayor intensidad en épocas de conflicto emocional, como la que estaba yo viviendo. Al reducirse su actividad se atenúan los procesos que esta gestiona. Esto lo comprobó en su experimento, en el que observaron que los participantes mostraban un menor grado de pensamiento intrínseco. No imaginas lo aliviada que me sentí al escuchar sus palabras.

Ya en el hotel, me dispuse a iniciar mi práctica incorporando esta sugerencia. Observaría mi respiración repitiendo en silencio una palabra determinada. Durante unos minutos me detuve, sentada frente a la ventana a pensar en qué palabra sería mi mantra. Al principio pensé en algunos términos en sanscrito, pues los indios son pioneros en estas técnicas. Luego me incliné por alguna expresión judía, por eso de honrar a mi pueblo. Vinieron a mi mente también vocablos cristianos, por cercanía. Ellos, y muchas otras religiones, conocen el poder de la palabra en oración.

Sin embargo, Martin, quise buscar un término en tu obra académica. Y seleccioné *Gelassenheit*, título, además, de una conferencia tuya impartida en 1955.

Me inspiraba su significado. La utilizas como la acción de dejar que las cosas simplemente sucedan; es sinónimo de aceptación con ecuanimidad, una contemplación activa y pasiva a la vez, un estado híbrido de entrega y voluntad. Aunque su traducción más exacta sea, tal vez, *serenidad*.

Gelassenheit. Serenidad.

Su musicalidad acompaña a la mirada amorosa del encuentro con la respiración. La esponjosa *ge* inicial, las sedosas eses que marcan el intermedio y la aterciopelada *a* final, que se escurre interminablemente en la lengua.

Gelassenheit.

Gelassenheit.

Una sola palabra puede asfixiar todo un lenguaje.

Gelassenheit. Observo la inspiración.

Gelassenheit. Observo la espiración.

El ritmo de la repetición mental se va adaptando a mis necesidades. A veces urge repetirla sin permitir espacio al silencio, cuando los pensamientos y la angustia aprietan. Otras veces el ritmo es más pausado. Te reconozco, Martin, que he empleado esta técnica en varios momentos del día, no solo sentada en casa. Ayer mismo, fui a caminar por Central Park buscando calma en los colores del otoño, pero los pensamientos martilleaban mi mente a cada paso. Lo mismo me sucedió más tarde en la comida. Comencé a recitar en silencio: *gelassenheit, gelassenheit, gelassenheit.*

Al cabo de unos días, mi práctica derivó en la división de la palabra.

Gelas. Inspiro.

Senheit. Espiro.

Gelas. Inspiro.

Senheit. Espiro.

Gelas. Inspiro.

Senheit. Espiro.

Este recurso me ha sido especialmente valioso por la noche. Esas fatídicas cinco de la mañana, cuando la pesadilla me despierta, el monólogo se torna aún más oscuro y la esperanza se desvanece entre angustias. Dicen hoy los neurólogos que cuando estamos tumbados, perdemos control cognitivo y nos cuesta aún más orientar la atención. Situación que se agrava en ausencia de luz y en horas en las que debemos estar descansando. Un cóctel mortal donde una hormona llamada cortisol campa a sus anchas dejando tras de sí un reguero de desconsuelo. Pocas veces he conseguido volver a dormirme después de semejante embate. Sin embargo, recitar la palabra elegida en silencio, muy lentamente, y con exquisita ternura me devuelve a los brazos de Morfeo. Me siento acunada por mí, siendo yo misma quien se susurra una dulce nana.

Gelas. Inspiro.
Senheit. Espiro.
Gelas. Inspiro.
Senheit. Espiro.
Gelas. Inspiro.
Senheit. Espiro.
Cada vez más lento, hasta que la palabra se fusione con su significado.
Gelassenheit.
Serenidad.

Como siempre, tuya,

Hannah

Carta 5

Respirar la montaña

Querida Hannah:

Eugen Fink nos ha comentado que estarás por Alemania. Pensé que marcharías a Escocia para escribir tu ciclo de cursos.

La pausa epistolar ha durado demasiado. Pero las reflexiones en torno a la serenidad me exigen más tiempo y energía de lo que suponía.

Pero como te encuentras de manera imprevista en las proximidades, lo mejor sería que desde Marbach «pasaras» un día por aquí para visitarnos, preferiblemente entre el 10 y el 15 de junio.

Hay muchas cosas que contar y más todavía que recoger en el pensamiento. Nos alegraría que pudieras liberarte esos días que te menciono. En esta época del año, Todtnauberg está precioso, cubierto de un manto verde y de flores silvestres. Como sabes, me refugio en mi cabaña para poder meditar y trabajar en silencio. Desde la ventana veo el valle, pues está en una ladera de la montaña. Precisamente estos días reflexionaba sobre la montaña y su simbolismo en nuestro pensamiento: la tierra elevándose al cielo. Veo pasar las estaciones y cambia de color, sufre tormentas, vendavales, lluvias y abrasadores rayos de sol, se cubre de flores y sostiene a quienes la caminan por sus senderos. Es la estabilidad, la robustez de la tierra.

Precisamente tras mi desencuentro con Ernst Cassirer en Davos, he mirado a la montaña con otros ojos y te confieso, querida Hannah, que hasta deseé convertirme en ella. Y, por suerte, he conocido a un vecino del pueblo, un ermitaño con el que comparto el silencio del campo, que me ha enseñado a respirar la montaña.

Lo comparto contigo en esta mi última carta.

De nuevo te invito a que lentamente tomes consciencia de tu cuerpo, aposentando los pies en el suelo, dejando caer los hombros y relajando el gesto. Respira hondo varias veces, y abraza con la consciencia las sensaciones de tu cuerpo. No apresures este paso, querida Hannah; es importante. Permítete volver a ti.

Toma asiento en algún rincón tranquilo de la casa. Recuerda el fino equilibrio entre la rectitud de la espalda y la relajación de la postura. Respira. Llena los pulmones con delicada determinación, inspirando por la nariz, y devuelve el aire por la boca, hasta que no te quede nada del oxígeno prestado. Repite este proceso tres veces.

Ahora te pido, querida Hannah, que imagines una montaña. O que recuerdes alguna que guarde tu corazón. Aprecia su altura, la inclinación de sus laderas, el paisaje que la rodea, su textura, su cima. Dedica unos instantes a observarla.

Ahora siente que esa montaña eres tú.

Sigue sintiéndote la montaña.

Tu cuerpo es ahora su base, sus laderas y su cima.

Siéntete la montaña.

Estamos en primavera. Es un día soleado, agradable, y una fina brisa te acaricia. Saborea el olor a flores aromáticas y percibe el trinar de los pájaros. Respira ese momento. Siente que eres la montaña y lo demás te rodea. Siente la majestuosidad de ser una montaña, inmutable. Respira ese momento.

Respira profundamente. Varias veces.

Estamos en verano. El sol brilla en lo alto y no da tregua. Siente cómo el calor incomoda y la sed exaspera. Escucha el estridente sonido de las chicharras. Respira ese momento. Sigues inmóvil, majestuosa. El aburrimiento y el hastío embriagan todo a su paso. Respira ese momento desde la solidez. Es la misma montaña que vivió la primavera. Respira ese momento.

Respira profundamente. Varias veces.

Estamos en otoño. Las nubes comienzan a esconder el cielo. Huele la lluvia. Siente la tierra mojada en el valle y el agua penetrando en ella. Respira ese momento. Eres la misma montaña que ahora se empapa. Comienza la tormenta. Oye el abrumador trueno, las bofetadas del viento. Respira ese momento como montaña firme. Aprecia el sobresalto del relámpago. Respira ese momento.

Respira profundamente. Varias veces.

Estamos en invierno. La quietud reina. Estás cubierta de nieve. Observa la luz incidiendo sobre la blanca capa que te cubre. Respira ahí, en la calma. Siente el lento y pesado paso de un oso que divaga sin rumbo por tus laderas. Permítele continuar y obsérvale marcharse. Respira como quien acoge sin retener. El aire es fresco y hay calma. Respira ese momento.

Eres la misma montaña, la que habita todas las estaciones. *Habitar es retornar a nosotros mismos.*

Te saluda cordialmente en espera de un buen reencuentro,

Martin

V

PENSAR

1

Aprender a pensar

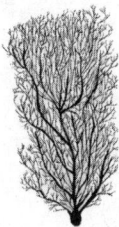

«Denken ist Danken».
(Pensar es estar agradecido).
MARTIN HEIDEGGER

Al finalizar la intervención de Heidegger en la Conferencia de Darmstadt de 1951, donde expuso su ensayo *Construir Habitar Pensar*, uno de los asistentes criticó violentamente lo que el filósofo había dicho, alegando que no solo no había resuelto las cuestiones que debían debatirse, sino que las había *despensado*. En ese momento, un caballero de mirada penetrante levantó la mano, pidió responder y le arrebató el micrófono al impertinente orador para decir al público que «el buen Dios necesita de los *despensadores* para que los demás animales no se duerman». Ese caballero era el filósofo español José Ortega y Gasset.

Años después, Martin Heidegger recordó en una publicación el encuentro con Ortega en el jardín de la casa del arquitecto municipal. Según relata, estaba paseando por los exteriores de la casa cuando vio una figura triste y melancólica escondida bajo un gran sombrero y con una copa de vino en la mano. Al verlo, Ortega lo invitó a sentarse en el césped, y entablaron una entrecortada conversación sobre el pensamiento y la lengua materna.

En aquellos encuentros, digno de recordar, como lo confiesa después Heidegger en la carta que escribe al conocer la muerte de Ortega en 1955, los dos filósofos debatieron sobre un punto de interés común: el ser y su entorno. Ambos resaltan la importancia del contexto, la cultura, la naturaleza para poder comprender al ser humano; están lejos de una visión autosuficiente y desconectada del mundo. Necesitamos del entorno y el entorno penetra inevitablemente en nosotros. Esta idea se resume en la famosa frase de Ortega que conocemos como «yo soy yo y mis circunstancias». La frase que aparece en sus *Meditaciones del Quijote* dice así: «Yo soy yo y mi circunstancia, y si no la salvo a ella no me salvo yo».

Aunque Ortega define a Heidegger, con ingenio y caballerosidad, como un *despensador*, el filósofo alemán se vive como un pensador. Su oficio, nos dice, es pensar. Y no es poco, porque según él lo ejercen solo un puñado de personas.

En la segunda mitad de su vida académica, Heidegger se centró en qué es pensar, pero pronto descubrió con desasosiego que «lo que más merece pensarse en nuestro difícil tiempo es el hecho de que no pensamos». Veamos brevemente cómo llega a esta inquietante afirmación.

En la cultura occidental, desde hace milenios, se identifica al ser humano con la razón, siendo esta lo que nos hace únicos y superiores entre los animales. De ahí la famosa frase de Descartes: «Pienso, luego existo». Heidegger alude a esta herencia definiéndonos como «vivientes racionales». Pensar es sinónimo de examinar, analizar, medir, enjuiciar, establecer causas y efectos sujetos a una lógica, predecir o diseñar estrategias de manipulación. Sus bondades son innumerables, por supuesto. Sin embargo, en su *Carta sobre el Humanismo*, Heidegger resalta que es solo una de las formas en que podemos pensar, y que asociar al ser humano con la razón es definirlo de manera excesivamente estrecha. No solo somos racionales. El pensamiento es una morada donde habita el ser humano, nos dice, pero no solo en una de sus estancias. Entonces, ¿qué significa pensar, señor Heidegger? A lo que responde que nos adentramos en lo que es pensar cuando pensamos nosotros mismos. Según Martin, el hombre ha actuado ya demasiado y pensado muy poco, y ni siquiera en lo que merece la pena: dedicamos todos nuestros esfuerzos intelectuales a cuestiones que nos apartan de lo esencial. El filósofo de la ciencia Thomas Kuhn dijo en una ocasión que «el día en que la Academia haya resuelto todos sus enigmas, la humanidad se habrá quedado igual». Vamos, que científicos e intelectuales varios son unos analfabetos ilustrados, eruditos en tantos campos e ignorantes en lo que merece ser pensado. Reconozco ese sabor agridulce que deja el encuentro con algún investigador de prestigio, incluso con medalla del Nobel en la solapa, cuyo discurso está más plagado de información que de conocimiento. Tener talento, innovar, acumular datos y títulos no asegura la genialidad y mucho menos la sabiduría. Escuelas y universidades son hoy fábricas de trabajadores, centros de formación profesional, muy lejos de la educación del ser humano. En su libro *Reflexiones*, Heidegger se lamenta de que nos valoremos según lo que valemos en términos profesionales. No es lo que vales, eres *tus valores*. Y nos advierte que aquello que se aleja puede afectarnos más que lo que tenemos presente. Dice la micropoeta Ajo: «¡Bastante tengo con lo que no tengo!».

Nuestra forma de pensar nos ha asegurado gran éxito en la filosofía, la ciencia y el desarrollo de la tecnología, pero hemos caído en el error de emplear el mismo método en nosotros mismos, convirtiéndonos en *sujetos*. Heidegger denuncia que, cuando nos pensamos, inevitablemente nos medimos, nos analizamos, y siempre hay un intento de manipulación. Pero pensarse a sí mismo y tener éxito no es algo que pueda hacerse solo desde la razón: hay que estar dispuesto a aprender a pensar de otra forma y para ello debemos prestar atención a lo que se ha de pensar. Heidegger nos propone cultivar que observemos sin querer transformar aquello que observamos según nuestros intereses; puede ser solo la emoción lo que se observa. El filósofo fue criticado por su aparente defensa de la angustia, pero algunos especialistas en su pensamiento matizan que él pretendía invitarnos a escuchar la angustia y a describir qué revela de nosotros. Matarla impide una oportunidad de aprendizaje. Manipularla interrumpe su curso.

La tonalidad afectiva o anímica del pensamiento nos permite ampliar una mirada que la razón estrecha. Heidegger propone, por lo tanto, aprender también a pensar desde una serenidad que permite que las cosas simplemente sucedan.

2

Evitar pensar

Que seamos capaces de pensar no garantiza que lo hagamos. Heidegger se define como un pensador cuyo oficio es reflexionar sobre cuestiones de mayor o menor trascendencia, pero lo hace con una extraordinaria inteligencia, erudición y disciplina. Es fácil imaginarlo en su despacho de la Universidad de Friburgo, o en su cabaña de la Selva Negra, con un lápiz en la mano, sentado a su escritorio, discurriendo durante largas horas en torno al ser o al tiempo, o la existencia. Pero la inmensa mayoría estamos muy lejos de eso.

Las encuestas gruñen por sí solas. En Estados Unidos un 83% de los adultos afirma no dedicar nada de tiempo a pensar en sus ratos de ocio. En España no nos quedamos lejos: más del 60% dedican su tiempo libre a salir a la calle, entre los cuales 30% va a bares o discotecas y 37% por ciento realiza algún deporte. De los que se quedan en casa, el 70% emplea su tiempo de ocio en ver la televisión o las redes sociales. No es de extrañar: mantener un pensamiento consciente y dirigirlo durante diez minutos es una proeza heroica.

Esto es lo que mostró un curioso estudio publicado en la revista *Science* en 2014. Los investigadores seleccionaron a un grupo de adultos, principalmente estudiantes de sus propias universidades, y les pidieron que permanecieran sentados en una sala donde no había ningún tipo de distracción. Ni televisor, ni revistas, ni teléfonos móviles. La única instrucción que les dieron es que se mantuvieran sentados y despiertos, pensando. Después de ese «periodo de reflexión», se les preguntó cómo se habían sentido durante la experiencia de encontrarse con sus pensamientos, y cómo de difícil les había resultado mantener la concentración. Al 57% le resultó difícil mantener la concentración, y el 89% confesó haberse distraído. Este dato es especialmente interesante porque en la sala no había nada que pudiera distraerles, excepto ellos mismos. Casi la mitad de los participantes declaró no haber disfrutado de la experiencia. No he mencionado un dato relevante: la duración del experimento era de seis minutos.

¡Estar seis minutos pensando libremente es desagradable para la mitad de las personas!

Los investigadores, ilusos, no daban crédito, así que diseñaron un nuevo experimento. Pensaron que, quizás, estar en una fría sala de una facultad no invitaba a disfrutar de los propios pensamientos, por lo que se les pidió a los participantes que repitiesen el experimento en casa. Los voluntarios buscaban una habitación donde estar tranquilos, en un ambiente familiar y cómodo. Solo se les pidió que durante esos famosos seis minutos no hicieran nada más que intentar pensar. El 32% confesó haber hecho trampa, ya sea mirando el móvil, escuchando música o levantándose de la silla para pasear. (Lo de estar quietos con nosotros mismos nunca se nos ha dado muy bien). Pese a estar en sus casas, los participantes no disfrutaron de la experiencia ni pudieron concentrarse más; al contrario: los resultados fueron peores que estando en la universidad.

Estar en casa pensando es peor que hacerlo en un lugar extraño. ¿Será que lo que es extraño es pensar?

Atónitos, los investigadores diseñaron un nuevo experimento. Como si se resistiesen a asumir que no nos gusta estar a solas con nuestra propia mente. En este nuevo intento se les ofreció a los voluntarios una alternativa: podían elegir entre estar sentados pensando, o permanecer sentados leyendo un libro o navegando por internet. Creo que no hace falta que cuente los resultados: los participantes disfrutaron mucho más buceando por las redes sociales que navegando por sus pensamientos.

Pero los investigadores seguían resistiéndose a aceptar el resultado. Para sus experimentos habían seleccionado a un grupo de estudiantes universitarios. Supongo que la razón principal era la facilidad para encontrar voluntarios, ya que el laboratorio pertenecía a la facultad (esto hacemos todos), pero no. El motivo era evaluar la capacidad de pensamiento en personas «supuestamente» acostumbradas a pensar, como debieran ser los estudiantes de grado superior. (Diría que también hay una resistencia oculta de los investigadores a reconocer que la vida académica no asegura la disposición al pensamiento). Así que repitieron los experimentos con una población diferente: seleccionaron un grupo de agricultores y religiosos de una iglesia local, de edades y características similares a los estudiantes —quiero subrayar aquí la suposición de los investigadores de que los campesinos o los siervos de Dios no piensan—. Los resultados fueron similares estadísticamente.

El rechazo al propio pensamiento no depende de la edad, educación o ingresos económicos, según este estudio.

No crean que el experimento acabó ahí. Estos investigadores eran muy obstinados y parecían empeñados en mostrar que sí pensamos, a pesar de los resultados —luego dicen que la ciencia acepta con neutralidad y objetividad lo que observa—. Así que diseñaron un experimento más, y con este ya iban diez. En esta ocasión se les ofreció a los participantes una nueva alternativa. Podían elegir entre pensar durante quince minutos o sentir una pequeña descarga eléctrica que les producía dolor. La decisión dependía exclusivamente de ellos. El 67% de los hombres prefirió sentir la descarga eléctrica. Sí, han leído bien. Los investigadores comentan en el artículo, creo que con cierta sorna, que uno de los participantes se administró ciento noventa descargas durante esos quince minutos. Este individuo fue retirado del experimento, supongo. En el caso de las mujeres, el 25% prefirió el dolor físico a su propio pensamiento. (No caeré en comentar la comparación).

Cito literalmente a los pobres investigadores, rendidos a la evidencia: «Lo sorprendente es que estar a solas con los propios pensamientos durante quince minutos sea tan desagradable como una descarga eléctrica que uno pagaría por evitar».

Este estudio se realizó en el año 2014, hoy los resultados son aún más pesimistas. El tiempo que podemos sostener la atención en un estímulo externo se ha reducido un ochenta por ciento en una sola década.

Decía san Agustín en sus *Confesiones* que «estamos hechos de tierra, una tierra difícil de cultivar». Quince siglos después, lo dice la ciencia: controlar la mente es tarea difícil, si no imposible, para quien no se entrena. A una mente desprovista de voluntad no le gusta estar consigo misma.

3

La huella del pensamiento

Heidegger y los investigadores que acabamos de citar coinciden al afirmar que no sabemos acompañar ni orientar nuestros pensamientos, y que nos perdemos en reflexiones carentes de un auténtico interés. Diversos estudios se han hecho eco de nuestra dificultad para elegir conscientemente un pensamiento. Haga usted mismo la prueba. Deténgase un momento y elija libremente algo sobre lo que pensar durante al menos diez minutos. Seguramente haya sentido el vértigo de la nada, ese momento de suspensión en el que no encontramos dónde posar la mente. Y este es uno de los grandes desafíos humanos, del que huimos sin saber que estamos escapando.

Llegamos a la parada del autobús, quedan cinco minutos para que pase. Inmediatamente, cual pistoleros en el Oeste, sacamos el teléfono móvil. Hoy las redes sociales, y los abundantes estímulos de la ciudad, se encargan de que posemos nuestra mente en sus contenidos. Pero no se excuse: en el campo le pasaría lo mismo. Aunque sea más noble distraerse con los pájaros que hacerlo con los anuncios de un escaparate, el proceso es el mismo: posar pasivamente la mente en algo que no requiera de nuestro esfuerzo. Quizás no se haya dado cuenta, pero gran parte del día no elige en qué piensa y, por lo tanto, no está entrenado. Así que cuando le retan a elegir un pensamiento y desarrollarlo se encuentra un tanto perdido. Y ahora piense en la cantidad de momentos al día en que se encuentra a solas consigo mismo y, simplemente, no sabe qué hacer. Imagine que ha quedado con un amigo en un café, y no sabe de qué hablar, ni siquiera sabe escucharlo. Delante de su cara, saca el teléfono y se distrae ojeando a una velocidad de vértigo las noticias o imágenes. Seguramente alguna de ellas hable de bienestar y seguramente le dé usted un «me gusta». Lo mismo hacemos con nosotros: una huida constante del encuentro más íntimo que podemos tener. Nos castigamos con nuestra propia ausencia.

Solemos caer en la ilusión de que entregar nuestro pensamiento al mundo audiovisual es relajante y gratuito. Según las encuestas más recientes, de 2023, el promedio mundial señala que una persona adulta emplea casi siete horas en mirar una pantalla. Televisión con sus infinitos canales, redes sociales y contenido diverso en internet. Exactamente el tiempo que es recomendable estar durmiendo. ¿No es exagerado? Un estudio publicado por el grupo de investigación liderado por la profesora Amanda Sacker, del University College londinense, concluyó que el porcentaje de adolescentes con depresión está correlacionado con el número de horas que pasa al día en las redes sociales. El 40% de las adolescentes con depresión invierte más de cinco horas. En el caso de los chicos es del 15%. No son datos para esconder bajo la alfombra, habría que tomar cartas en el asunto y no dejar a nuestros niños y jóvenes en manos de un juguete para adultos. El propio Heidegger hace más de setenta años ya advertía del riesgo de sustituir nuestra voluntad por un dispositivo tecnológico.

La imprudencia está en considerar como inocuos los contenidos con los que somos ametrallados. Solemos criticar con dureza las modernas redes sociales, escudándonos en su frivolidad y falta de profesionalidad. Pero un periódico, por aparentemente serio que sea, no se queda corto en su generosidad al propagar el catastrofismo. Un estudio realizado en la Universidad Humboldt de Berlín y publicado en 2021 mostraba que los titulares de las noticias impactan en el cerebro acelerando la actividad neuronal, aunque el periódico sea de dudoso prestigio. Es decir, aunque dudemos de las noticias, impactan en nuestro cerebro por el hecho de haber leído solo los titulares. Esa aceleración neuronal no se restringe al momento en el que estamos leyendo, sino que deja huella. Por lo tanto, aquello que acontezca inmediatamente después de haber leído tan sensacionalista titular será tratado desde la agitación en la que se encuentran nuestras neuronas. Si yo, por ejemplo, estoy leyendo dichos titulares y mi hija me reta con su comportamiento, la probabilidad de que responda de forma acelerada y con aversión es mayor. Algo se ha encargado de acelerar mis neuronas y, posiblemente, yo no atribuya la responsabilidad al periódico o a mi elección, sino a mi hija.

Una universidad de Canadá ha medido el impacto biológico de la exposición a noticias negativas. Seleccionaron a un grupo de treinta hombres y treinta mujeres y los instaron a leer noticias desagradables reales durante diez minutos. Posteriormente, estos voluntarios fueron sometidos a una tarea estresante y se observó que la lectura de noticias negativas se asociaba con una mayor liberación de cortisol en saliva. Es decir, que una situación se vivirá con mayor intensidad de estrés biológico si antes hemos leído una noticia negativa. Teniendo en cuenta que estamos expuestos a las noticias de forma constante, no hace falta resaltar las conclusiones. El estudio mostraba, además, que las mujeres somos más sensibles a este impacto.

La exposición a noticias negativas aumenta la reacción al estrés. Reducir este en nuestra sociedad no depende solo de lo que hagamos, como deporte, meditación o dieta sana. Depende también de lo que no hagamos.

Una noticia se define como una información que se considera de interés común. Sin embargo, esta definición no es muy exacta, ya que hay cosas de interés común que no son noticia. Que el sol salga cada día es de un evidente interés común, pero no es noticia porque ocurre todos los días. Una noticia es algo excepcional, infrecuente, y, lamentablemente, llama más la atención lo catastrófico que lo que no lo es. Por ejemplo, ha descarrilado un tren en la India y han muerto doscientas personas. La regularidad de noticias como esta hace que nuestro cerebro genere una asociación y sobrevalore el número de eventos negativos en el mundo. Cada día, Indian Railways opera más de veinte mil trenes y sus cientos de miles de pasajeros llegan a casa impuntuales, pero sanos y salvos. Sin embargo, eso no es noticia porque es lo normal. El porcentaje de trenes accidentados es ridículo, pero nosotros lo habremos estimado como muy superior. En un artículo científico que pretende aportar información sobre cómo funciona un sistema no podemos apoyarnos solo en lo que es minoritario. Los principios de la neurociencia se basan en lo que normalmente hace el cerebro, no en sus comportamientos excepcionales. De igual manera, para poder comprender cómo está nuestro mundo hay que poner en contexto las noticias. Agradezco que me informen sobre ese accidente ferroviario, pero agradecería también aunque sea una frase que recuerde que es un evento inusual.

El cerebro necesita información explícita, si no se queda tan solo con la emoción que tiene delante en ese momento. Así como el neuromarketing se apoya en los sesgos del cerebro para atraer la atención de los usuarios, propongo emplear ese mismo conocimiento para ayudarlo a cuidar su salud y a que tenga una percepción más moderada de cómo anda el mundo.

He de decir que es fácil caer en la excusa y culpabilizar a los medios cuando nosotros también somos responsables de lo que leemos y escuchamos. Y, por supuesto, de lo que volcamos a las redes y que estará al alcance de todos. Internet nos ofrece un espacio de libertad que nunca antes habíamos disfrutado. Es fascinante la cantidad de cosas que se pueden aprender y la generosidad de algunos al compartirlo. Las redes somos nosotros, al establecer los filtros de lo que recibimos y al elegir lo que entregamos. Abogo por la construcción, no prohibición, de unas redes sociales al servicio de lo humano. Asimismo, comprendo que nos entreguemos a un medio que nos entretiene, que nos arranca de una realidad que a veces no es fácil, que necesitemos tener la sensación de estar perdiendo el tiempo porque llevamos un cronómetro encima cada día. Nos urge sentir que estamos descansando, aunque no sea cierto y el precio sea alto. Las encuestas nos dicen que más del 70% de la sociedad europea está agotada. El mismo Heidegger dedicó horas a pensar en el aburrimiento como barómetro de la sociedad. Consideraba que se debe a la sensación de vacío que deja una vida repleta de experiencias que no nos llenan. Nos aburrimos, dice Heidegger, «cuando el mundo nos es indiferente». Pero, curiosamente, propone saborear el aburrimiento; esto es muy apropiado en un momento en el que escapamos de él como de la peste.

Nuestro pensamiento se engendra, en gran medida, en el exterior. Un tercio del día estamos durmiendo, por lo tanto, privados de nuestra voluntad para escoger lo que pensamos. Otro tercio del día lo pasamos comprometidos con las labores profesionales. Teniendo en cuenta las horas que dedicamos a las redes sociales y a los medios de comunicación, el tiempo de aseo y la logística doméstica, podríamos asumir que el tiempo de libre pensamiento se mide en minutos. Sin embargo, esto no es cierto. Nuestro día está formado de cientos de minutos en los que no sabemos dónde posar nuestro pensamiento. El problema es que esos ratos están distribuidos en migajas a lo largo del día y, como hemos visto, están sesgados por lo que haya sucedido el rato inmediatamente anterior.

Dar cuenta de nuestros pensamientos es un espejo a un interior que suele pasar inadvertido, y por cuya invisibilidad pagamos un alto precio. Aquello que desconocemos pero está presente nos domina con facilidad. Pero saberse inmerso en un contexto que penetra hasta nuestro pensamiento es ya una posición de resistencia. Nos invita a ejercer el derecho de admisión sobre los contenidos que nos ofrecen los medios, por ejemplo. Pero, sobre todo, a mi entender, nos invita a profesar nuestra definición de seres pensantes. Así nos ha definido la filosofía durante siglos y no parece que hagamos honor al nombre.

Homo sapiens sapiens, subespecie a la que pertenecemos, significa «el hombre que piensa» o «el hombre que sabe que sabe». Según los estudios antropológicos —que me corrija el gran profesor Arsuaga si me equivoco—, los primeros restos clasificados dentro de nuestra subespecie son de hace 315 000 años. Creo que es tiempo suficiente para haber aprendido algo, o al menos para comenzar a hacer alarde de tan distinguida honra.

4

La montaña del pensamiento

En el experimento que acabamos de ver, los investigadores solicitaban a los participantes que dedicaran unos pocos minutos a estar a solas con sus pensamientos. Y hemos visto que, para sorpresa de los incrédulos científicos, a la mayoría de las personas esta experiencia les desagrada. Sin embargo, paradójicamente, nuestro día a día transcurre en una sucesión de innumerables saltos entre unos pensamientos y otros. Académicamente, no se clasifican según su contenido, sino que se definen diferentes tipos de pensamiento de acuerdo al método que empleamos para desarrollarlo. Así, un poeta sigue una trayectoria pensante determinada para escribir sobre el amor, y una científica seguiría otra. Aquí el camino es lo que importa.

Se han definido entre diez y veinte tipos diferentes de métodos o formas de pensamiento. No hay mucho consenso al respecto, imagino que por lo complejo de enjaular algo tan libre como el pensamiento. Entre las categorías más comunes, o aquellas en las que psicólogos y científicos se han puesto de acuerdo, están el pensamiento asociativo, deductivo o inductivo, que se basa en el respeto de una lógica de causas y efectos que nos permite establecer asociaciones y aprender del mundo que nos rodea. En el otro extremo se encuentra el pensamiento creativo, que se permite violar las asociaciones previamente establecidas para crear nuevas perspectivas. Entre ambos conviven diferentes formas de pensamiento que persiguen un objetivo de forma consciente. Sin embargo, solemos considerar que pensar es esa experiencia donde guiamos conscientemente nuestra razón o ingenio para llegar a otro pensamiento. Es decir, nos atribuimos la responsabilidad, como si todos hubieran sido elaborados a voluntad. De este modo, olvidamos una de las formas de pensamiento más cuantiosas y fecundas de nuestra vida: el espontáneo.

William James nació el mes de enero de 1842 en la ciudad de Nueva York, en una adinerada e intelectual familia que le proporcionó una exquisita educación. Al igual que le sucedió a Santiago Ramón y Cajal, mostró desde muy joven un extraordinario talento para la pintura y el dibujo, a cuyo empeño quería dedicar su vida. Pero, al igual que a Cajal, su padre lo obligó a estudiar Medicina. Resignado a los deseos paternos, acabó la carrera sin encontrar la motivación por el estudio de la biología del cuerpo y de sus aberraciones. Fue en su estancia en Alemania donde la halló en el estudio de la filosofía y psicología. Hoy se le considera el padre de la psicología moderna. En sus memorias confiesa que «la primera conferencia sobre psicología que escuché fue la primera que di».

El profesor James establece en sus *Principios de psicología* las bases de lo que hoy seguimos estudiando en los laboratorios de ciencias cognitivas. Algunas de sus ideas fueron, en aquel momento, visiones que hoy encuentran explicación. Al igual que en Cajal, sus escritos están plagados de metáforas, alusiones a las ciencias naturales y expresiones poéticas para describir cualquiera de los procesos mentales. Entre ellas destaca su definición de «nuestra maravillosa corriente de consciencia» como «una alternancia de vuelos y aterrizajes». Los aterrizajes representan los pensamientos, y los vuelos serían los movimientos entre ellos. En el siglo XIX, James ya adelantaba que la naturaleza del pensamiento es siempre dinámica y se mueve en un continuo entre aquellos que son conscientes y los que son espontáneos. Hoy la neurociencia recupera su visión e intenta localizar las redes cerebrales que se alternan en esos vuelos y aterrizajes.

Tomo como referencia el modelo de la psicóloga Kalina Christoff, de la Universidad de British Columbia, para explicar el movimiento de transición entre pensamientos y su relación con las áreas del cerebro. Sería la explicación moderna de los vuelos y los aterrizajes de los estados mentales. El modelo de la profesora Christoff sitúa al pensamiento en una superficie bidimensional donde el eje X, horizontal, representa el control intencional y el eje Y, vertical, las restricciones automáticas. Yo lo he imaginado como una montaña donde la altura es la intención y la falda los automatismos, y nuestro pensamiento, una pelota que se puede mover por toda su superficie.

La cima de la montaña representa a los pensamientos libres e intencionados, aquellos que elegimos conscientemente. Coronamos la cumbre, por ejemplo, cuando elaboramos un discurso metafísico o la lista de la compra. La cima es bastante afilada, por lo que cualquier simple viento de la distracción provocará la caída de la pelota, que se sostiene en la cumbre gracias a la intención y a la fuerza de la voluntad.

En esta cima estamos también cuando meditamos. Nuestro pensamiento es, en ese momento, la observación consciente y sin juicio de las sensaciones que evoca la respiración. El pensamiento está dirigido o focalizado en ello. Las constantes distracciones, o movimientos de la bola que pueden provocar su caída, se compensan con la voluntad o acto intencionado de mantener la atención en ese objetivo. Dicho técnicamente, el control cognitivo asegura un pensamiento deliberado y flexible. Por lo tanto, la cumbre de la montaña representa el máximo nivel de intención y de consciencia sobre lo pensado, pero es un equilibrio inestable. No es fácil mantenerse en lo alto de una picuda montaña donde el viento sopla, generalmente, muy fuerte. La voluntad arraiga la pelota al suelo. Lo que tiene raíces perdura.

La falda de la montaña representa a los pensamientos automáticos, no elegidos a voluntad y de los que no somos conscientes. El lugar más profundo del valle son los sueños. Cuando la pelota se desciende hacia él, carecemos de voluntad y de consciencia, cae en el pozo de Morfeo y solo los ritmos circadianos, el despertador o las preocupaciones hacen que suba de nuevo.

Pero ahora nos interesan las laderas, lo que sucede cuando estamos en vigilia. La pelota permanece en la falda de la montaña cuando estamos en el famoso modo piloto automático, estado en el que podemos realizar una tarea, pero nuestra mente ocupa otro lugar. Es el hogar de la red neuronal por defecto, que ahora recuperaré. Las laderas representan a los pensamientos espontáneos, que reciben ese nombre por aparecer sin ser llamados. Se cuelan en la fiesta sin tarjeta de invitación y se resisten a abandonar la velada. Se han clasificado en tres grandes familias:

Los pensamientos *por defecto* —la mayoría—, a saber, el diálogo interior que repite cual cacatúa nuestra narración del mundo, memorias seleccionadas sin orden aparente y planificaciones de un futuro poco probable. Entre ellos, un bajo porcentaje, hay diálogos, memorias y planificaciones cuya función es imprescindible para nuestra operatividad. Pero en su mayoría son ecos de fondo.

Los *mecanismos de prominencia afectiva*, como las preocupaciones. Todos hemos vivido ese pensamiento recurrente que orbita alrededor de un problema y que no podemos apartar de la mente. Se presenta involuntariamente a lo largo del día instaurando el estado mental correspondiente, por ejemplo, de tristeza o ansiedad, y se caracteriza por su resistencia a desaparecer. Todos hemos vivido también la impotencia de no poder quitarnos un pensamiento de la cabeza, escenario precioso para dar cuenta de la lucha entre la voluntad y su falta, pero, sobre todo, para aceptar sus límites.

Los *mecanismos de prominencia sensorial*, cuando las sensaciones del cuerpo son prioritarias para el cerebro, por lo que se abren paso sin pedir permiso e incordian hasta ser atendidas. Un ejemplo: tener ganas de ir al baño —la conversación más interesante puede arruinarse si la vejiga ha alcanzado su umbral de llenado; por no hablar de los receptores del esfínter—. Otro ejemplo es el dolor. La prominencia sensorial del dolor es como un imán que reta al pensador a luchar de forma heroica para escalar la montaña.

Cada persona habita una montaña única, no hay dos iguales. En la cima lo voluntario, en el valle lo involuntario. Y nuestro pensamiento como una pelota que recorre constantemente la montaña. A veces está en la cima, pero la mayor parte del tiempo está en las laderas, que son zonas de gran atracción. En esta montaña mágica la fuerza de la gravedad no es igual en todos los lugares. Es más fuerte abajo. Cuanto más abajo estamos, más nos cuesta salir. No podemos elegir voluntariamente cuándo nos despertamos, y los esfuerzos por escapar de un pensamiento rumiante y obsesivo son a veces en vano. Pero, paradójicamente, a medida que escalamos la montaña, la voluntad crece: al coronarla tenemos más fuerza y oxígeno que abajo. Cuantas más veces subamos a la cima, más fácil nos resultará el camino en las siguientes. Es una escuela de aprendices de escalada que, curiosamente, erosionan la montaña en cada subida y bajada esculpiendo así el paisaje.

Saberse en la cima de la montaña es fácil. Al llegar allí, un cartel en forma de espejo nos recuerda: ESTÁS EN LO MÁS ALTO. Pero abajo no hay carteles ni espejos. O más bien, lo que no hay es luz. En este valle no se cuelan los rayos del sol, lo que hace más difícil el camino de subida. Y, normalmente, no estamos ni en el valle ni en la cima: somos la pelota que rueda por la ladera.

Ahora imaginemos a esa pelota en la vorágine de nuestro día, una sucesión de incontables tareas que debemos realizar en medio de innumerables distracciones. Es una bola que sube y baja la montaña cientos de veces al día. Agotador, ¿no? El gasto hemodinámico del cerebro para escalar la montaña es considerable. Cada vez que bajamos hay que volver a subir. Mejor quedarse arriba o en las cercanías de la cima para evitar tanta subida innecesaria.

Imaginemos otro caso, el que nos cuenta un estudio de Harvard de 2012: el 47% del tiempo que estamos despiertos nuestro estado mental transcurre en la fase automática del pensamiento. Es decir, casi la mitad del tiempo (sin contar el sueño) estamos en el valle. La mitad del día no vemos la luz. Somos topos de la consciencia. Y esto tiene un precio para la salud mental. Una mente divagante es una mente infeliz, dice ese estudio. La pelota ha de estar en movimiento, mayoritariamente ascendente. Hacia la luz del sol.

5

Anatomía de una montaña

Veamos ahora cuáles son las redes cerebrales asociadas a los continuos viajes de la pelota del pensamiento y a la orografía de la montaña. Nos vamos a restringir solo al dominio de la vigilia, no entraremos en el sueño. El valle corresponde a la *red neuronal por defecto* (en la ilustración, abajo). Está asociada a pensamientos espontáneos e involuntarios. Es aquella que se activa cuando dejamos la mente a la deriva, sin un control voluntario de sus contenidos ni movimientos. Aunque también está presente en pensamientos voluntarios que implican la recuperación de memorias autobiográficas. Cuando, por ejemplo, estamos pensando en algún aspecto de nuestra vida, la pelota reside en las partes altas de la montaña, pero baja súbitamente al valle para recuperar información relevante: muy de vez en cuando, bajamos al sótano para abrir el baúl de los recuerdos. Sin él, poco podemos hacer.

La red neuronal por defecto está compuesta, a su vez, por tres redes, identificadas según sus funciones y anatomía:

La *red por defecto núcleo* está involucrada en los pensamientos internos e incluye la corteza prefrontal anterior, la corteza cingulada posterior y el lóbulo parietal inferior posterior.

La *red por defecto temporal-medial* se vincula a los procesos de memoria y a las simulaciones mentales. Está anatómicamente centrada en el lóbulo temporal medial e incluye al hipocampo y sus proyecciones a la corteza, principalmente a la corteza prefrontal central.

La *red por defecto sub3* es un cajón de sastre que incluye un amplio abanico de procesos cognitivos y emocionales. Está compuesta por la corteza prefrontal dorsomedial, la corteza temporal lateral y partes del giro frontal inferior.

Las dos últimas redes están estrechamente conectadas con el núcleo, que regula la activación de ambas. Estas tres redes habitan el valle y se encargan de procesos internos del pensamiento.

La primera red que surge durante la escalada, en las laderas, cuando comenzamos a ascender por la atención y voluntad, es la *red de atención dorsal,* aquella que se activa al dirigir la atención al mundo externo y a nuestra propia mente de forma consciente. Es solo el inicio, todavía no estamos en la cima. Esta red es necesaria para emprender la escalada, no para coronarla (en la ilustración, en medio). Participa en la selección de aquello a lo que vamos a atender. Es como orientar la mirada al objetivo que todavía no hemos conseguido. La red de atención dorsal vincula dicho propósito con la respuesta sensorial y motora. Prepara al cuerpo para iniciar el ascenso a la cima. Es, por lo tanto, la que estima si estamos preparados, una balanza que calibra el gasto y la recompensa. Por ejemplo, cuando estamos cansados, no disponemos de recursos neuronales ni corporales para mantener la atención: esta red la desvía de un objetivo que, en ese momento, es inalcanzable. Si, por el contrario, estima que estamos preparados, estabiliza la atención a medio y largo plazo para poder ejecutar los objetivos.

Esta estimación de lo factible que es, o no, emprender el viaje se realiza entre la red de atención dorsal y la red por defecto, como un semáforo. Cuando la red de atención dor-

PENSAMIENTO CONSCIENTE DIRIGIDO

Red fronto-parietal y cognitiva

TRANSICIÓN DE PENSAMIENTO

Red de prominencia

Red de atención ventral

PENSAMIENTO ESPONTÁNEO

Red neuronal por defecto

Redes cerebrales asociadas
a las transiciones del pensamiento.

sal está activa, se emprende el viaje y se desactiva la red por defecto. Son antagónicas.

La red de atención dorsal comprende un conjunto de regiones cerebrales centradas en el lóbulo parietal superior, la corteza dorsal frontal y el complejo del movimiento temporal medio.

A medida que ascendemos nos encontramos con el dilema de elegir entre pensamientos que compiten. Es el momento en el que nuestra atención se puede ver seducida por un invitado inesperado. Aquí se activan nuestros sistemas de prioridades: «valemos nuestros valores».

Las siguientes dos redes se activan cuando intentamos mantener la atención en algún objetivo concreto y, de forma automática, surge un algo que nos distrae; por ejemplo, si estamos escuchando el discurso de una persona y nos acordamos de aquel mensaje que no hemos respondido. ¿Atendemos a lo urgente o a lo importante? Aquí entra la balanza de lo prioritario. Así, la *red de atención ventral* dirige la atención al estímulo más sugerente. Sin embargo, es la *red de prominencia* la que elige qué es prioritario y qué no. Sus límites no están claros, por ello algunos autores consideran que ambas redes son la misma. El entrenamiento de esta red es de fundamental importancia, ya que nos entrega de forma consciente la decisión. Cuando la atención se ve interrumpida por un estímulo espontáneo, solemos caer en él sin darnos cuenta: la pelota ha caído ladera abajo sin que nos diéramos cuenta. El fortalecimiento de la red de prominencia nos permite darnos dar cuenta de que estamos cayendo para que nos agarremos a alguna rama; por ejemplo, recuperar el pensamiento de que en este momento debo estar haciendo una tarea determinada por los beneficios que conlleva, o si estoy en clase y me estoy desconectando de la lección, esta red me avisará, lo que me permitirá estirarme para activarme. Esta red es la que puede reordenar el sistema de prioridades abriendo el paso a la instauración de los hábitos. A veces no se trata de aquello que tenemos que hacer, sino de aquello que es importante hacer. La red de prominencia se refuerza usándola, entregarnos a la vagancia la debilita.

La red de atención ventral se sitúa en regiones frontales ventrales, como el giro frontal inferior, la ínsula anterior y la unión tempo-parietal. Se encuentra más presente en el hemisferio derecho. La red de prominencia, en la corteza cingulada anterior y la ínsula anterior. Esta red representa el espejo del cerebro. El paso inmediato para coronar la cima es verse en el espejo.

En lo alto de la montaña está el control cognitivo consciente y voluntario. Aquí se activa, como trofeo al explorador, *la red fronto-parietal*, involucrada en el pensamiento dirigido a un objetivo, sea externo o interno (en la ilustración, arriba). Curiosamente, desde lo más alto accede de forma directa a lo más bajo. Puede bajar, como volando, a la red por defecto para obtener voluntariamente información autobiográfica. Es esa bajada al baúl de los recuerdos del sótano que he mencionado. También puede reclutar a la red de atención dorsal, para planificar nuestras acciones.

Desde arriba se puede ver lo que está abajo. Al revés, es más difícil. En lo más alto la red fronto-parietal se asocia con la *red cíngulo-opercular*, involucrada en la ejecución e inhibición de la conducta y el comportamiento.

La red fronto-parietal está compuesta por la corteza prefrontal dorsolateral, el lóbulo parietal inferior anterior y áreas suplementarias motoras. La red cíngulo-opercular incluye la corteza cingulada anterior dorsal, la corteza frontal superior frontal y la ínsula anterior.

Ambas se activan en la ejecución de la conducta, la sostienen y la adaptan a los cambios. Hasta que llegue una ventisca que arroje la pelota hacia el valle. Y vuelta a empezar.

6

El habla silenciosa

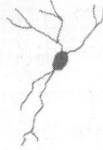

En 2020, la Facultad de Psicología de la Universidad de Harvard publicó un estudio que ponía en evidencia el sólido puente que comunica los pensamientos con la biología. El experimento era muy sencillo, se convocó a un conjunto de personas diagnosticadas con diabetes tipo 2 que fueron divididas en dos grupos exactamente iguales. El primero debía ingerir una bebida en cuyo envase estaba escrito «alto contenido de azúcar, 124 gramos». El segundo, una catalogada como «libre de azúcar». Sin embargo, ambos recipientes contenían exactamente la misma bebida, un líquido con una concentración de 62 gramos de azúcar. Los resultados mostraron que los voluntarios que bebieron del envase etiquetado con un alto contenido de azúcar mostraron mayores niveles de glucosa en sangre que los otros.

El pensamiento, pues, crea expectativas y estas preparan al cuerpo para una realidad que asume como cierta. En este caso, como en tantas otras veces, el primer pensamiento es consciente y, por lo tanto, evidente. Sin embargo, aquellos que contienen información relevante para nuestra salud o para nuestro estado anímico tienden a quedarse en la retaguardia de la consciencia y aparecen como una voz de fondo que se camufla en nuestra conducta. Es una voz espontánea, que surge involuntariamente y se resiste a desaparecer, actúa en el cuerpo como el primer pensamiento. Los participantes en el experimento pensaron de forma involuntaria y repetidamente en que habían ingerido una bebida azucarada contraindicada para su enfermedad. Ambos grupos mostraron diferencias en la concentración de azúcar en sangre durante más de dos horas después, seguramente por estarlo rumiando con preocupación.

Tendemos a creer que toda forma de lenguaje es un pensamiento consciente, de esos que nos definen como seres racionales. Gran parte de lo que pensamos a lo largo del día no lo hemos decidido voluntariamente. Ni decidimos cuándo aparece ni su contenido.

Existe un lenguaje externo que puede presentarse en forma de diálogo con seres supuestamente pensantes. Pueden ser otras personas o nosotros mismos. Ejemplo de ello es una conversación o un pensamiento que elaboramos en nuestro interior sin ser pronunciado. Lo que caracteriza a este pensamiento es que se materializa en un lenguaje que guiamos conscientemente. Si conversamos con otra persona, el pensamiento se hace palabra y movimiento bucal. En el diálogo con nosotros mismos, el pensamiento cristaliza en palabras que nuestra boca no pronuncia, pero que nuestro cerebro procesa como lenguaje. Sin embargo, también existe otro tipo de pensamiento, que solemos atribuir como libre, pero que, al contrario, es involuntario y de naturaleza persistente: el diálogo interior. Considerado un habla silenciosa dirigida a uno mismo, es uno de los procesos más privados y subjetivos que experimentamos. Ha recibido nombres como monólogo interno, narrativa privada, pensamiento verbal, endofasia o autocomunicación. Es «la voz en la cabeza» que tantas veces querríamos silenciar.

El investigador de referencia de este campo es el profesor británico Charles Fernyhough, del Departamento de Psicología e Investigación en Experiencias Internas de la Universidad de Durham. Ha dedicado su vida profesional a un tema que, hasta hace poco, despertaba un limitado interés tanto en la comunidad científica como en la sociedad en general. La verdad es que poco se ha hablado de ello, algo destacó san Agustín en sus *Confesiones*, pero incluso la filosofía moderna ha pasado por encima de uno de los procesos que más afecta a nuestra salud mental.

El grupo del doctor Fernyhough tuvo que ingeniárselas para medir y caracterizar objetivamente un fenómeno principalmente subjetivo: nada tan personal como la propia habla. Quizás carecía de interés porque no estamos acostumbrados a familiarizarnos con él, a observarlo, y mucho menos a refinarlo o cuidar su tono y contenido. Damos por hecho que es un pensamiento elegido libremente y nos identificamos con él como con una creación propia. Basta sentarse unos minutos en silencio, como quien saca su butaca al balcón para, simplemente, contemplar por la ventana el paisaje humano. Sentados, esperamos a que comience un monólogo sin guion, espontáneo, improvisado, sorprendente, molesto muchas veces, con una lógica más propia del realismo mágico que de la razón y, sobre todo, desobediente a las órdenes de la voluntad.

El escritor ruso Fiódor Dostoievski lanzó a su hermano un reto que podría considerarse como un experimento de psicología realizado en cualquier universidad. Le propuso sentarse e intentar no pensar en un oso polar. Su pobre hermano, como cualquiera de nosotros, inmediatamente sintió el ímpetu de un pensamiento obsesivo. «Intente imponerse la tarea de no pensar en un oso polar y verá al maldito animal a cada minuto», escribió Dostoievski en su obra *Notas de invierno sobre impresiones de verano*.

Aunque esta situación nos parezca una recreación romántica del escritor, todos hemos sido cientos de veces, y a nuestro pesar, el hermano de Dostoievski. Ocurre cuando intentamos no pensar en una situación conflictiva, o cuando la euforia nos arrastra a recrear un escenario deseado. Sin embargo, lo que ya adelantaba Dostoievski, y después corroboró la ciencia, es que intentar suprimir un pensamiento produce el efecto contrario, se afianza en nuestra mente.

El profesor Daniel Wegner, de la Facultad de Psicología de la Universidad de Harvard, es uno de los mayores expertos en los mecanismos psicológicos de la supresión del pensamiento. Fascinado por la paradoja de Dostoievski, decidió emularla en su laboratorio. Para ello pidió a un grupo de voluntarios que observasen sus pensamientos durante cinco minutos con la única restricción de no pensar en un oso polar. Se les pidió que, a lo largo de ese intervalo, lo notificasen cada vez que caían en la imagen prohibida. La aparición del pensamiento reprimido era constante. Así que el profesor Wegner decidió repetir el experimento con una variable añadida: antes de observar los pensamientos durante cinco minutos, los participantes debían dedicar un corto tiempo a centrarse en un oso blanco. Los invitaba a detenerse en su pelaje, en sus dimensiones, en su hábitat. Después, los voluntarios se entregaban a la contemplación de sus propios pensamientos, debiendo informar también de la recurrencia de la imagen del oso polar. En este caso la interrupción del pensamiento sobre el «maldito animal» fue menor.

Intentar suprimir un pensamiento genera un efecto rebote contraproducente. El hecho de querer modificar una acción emplea más recursos neuronales en ella; por lo tanto, se consolida, incrementando cada vez más su peso. La clave de esta fijación está en la intención, no en la atención. Observar el pensamiento sin intención alguna, por el contrario, le resta peso hasta que pasa desapercibido. Cada vez que los participantes recibían la imagen del oso polar, esta ganaba fuerza.

El pensamiento obsesivo se alimenta de nuestra oposición a él y reconocer nuestra incapacidad para suprimirlo es una forma de humildad hacia nosotros y de comprensión hacia los demás que tiñe de absurdo frases como «deja de pensar en eso» u «olvídate de esa persona». ¡Como si fuera así de fácil! «Estoy intentándolo», sería la respuesta educada y correcta ante una petición desconsiderada. Son ya muchos los que nos aconsejan que le permitamos su debido espacio a la emoción que nos ocupe sin manipularla; que la recibamos en la puerta con alegría, como decía el poeta Rumi, y la reflexionemos con la calma que podamos alcanzar. La palabra *reprimir* viene del latín *reprimere*, «castigar». No parece ser un buen método de educación cerebral. Abogo por aprender desde el conocimiento y la comprensión. Intentar suprimir el pensamiento obsesivo es un castigo que bien podría ser sustituido por la invitación reiterada a elegir otro pensamiento o por la observación ecuánime del mismo. El cerebro no entiende de órdenes, sino de instrucciones.

Solemos chocar con el diálogo interior en aquellas situaciones donde su contenido es molesto, y es ahí donde tendemos a reprimir pensamientos. Sin embargo, el monólogo que siempre nos acompaña tiene funciones imprescindibles para nuestra psicología.

Por una parte, pretende reconstruir nuestra representación de la realidad externa. La teoría más destacada de esta función es la del *yo dialógico* del psicólogo holandés Hubert Hermans, que propone una idea del yo basado en múltiples voces interiores. La actividad interna se centra en el diálogo entre varias personas o varias posiciones de un mismo yo. Esta teoría sintetiza la interacción entre nuestra persona y el mundo que nos rodea, proponiendo un modelo de cómo nos situamos en el entorno, ya sea la familia, las amistades o el contexto laboral. Es el caso del diálogo interno que mantenemos con personas de nuestro entorno, donde imaginamos o recreamos todo tipo de situaciones. En dicho diálogo, reconstruimos nuestra percepción de lo sucedido, cómo hemos actuado nosotros y cómo lo han hecho los demás. También se persigue la predicción de futuros encuentros, imaginando la respuesta que otros darán a una supuesta discusión. El diálogo interior involucra a ambos hemisferios cerebrales, incluyendo el precúneo, la corteza cingulada posterior y el giro temporal. Su contenido y tono es el reflejo de cómo hemos procesado lo ocurrido. Sabedores de que la percepción es siempre subjetiva, se antoja más que necesario que lo contemplemos como espejo de nuestra propia mirada, a veces empañada por la emoción. En situaciones conflictivas, tendemos a recuperarlo de forma casi obsesiva. Todos nos hemos visto envueltos en una espiral en torno a una discusión donde el diálogo interno se repite de forma incesante. Cuidado: cuanto más lo recordemos, más lo estaremos alterando. Según Michael Anderson, de la Universidad de Cambridge, especialista en psicología y neurociencia cognitivas, la memoria se actualiza cada vez que se recuerda. Es decir, al recordar algún suceso, tendemos a crear pequeñas memorias falsas. No son mentiras, porque no son conscientes, pero no son verdades. Estas memorias falsas aumentan con la intensidad emocional. Por lo tanto, al recrearnos una y otra vez en aquella discusión, cometemos el riesgo de acabar construyendo un castillo que nunca existió. Las memorias falsas terminan siendo verdades imposibles de identificar. La observación, siempre ecuánime, de nuestro diálogo interior actúa como un cortafuegos de las distorsiones que naturalmente cometemos.

Por otra parte, el diálogo interior tiene una función de regulación de nuestra conducta y de nuestro comportamiento. En este caso, no se desarrolla con otras personas, sino que es intrapersonal, de carácter más reflexivo, y está involucrado en el desarrollo de la identidad. Aquí no hablamos de diálogo interior, sino de *monólogo* interior. Esta actividad involucra principalmente al giro frontal inferior dentro del área de Broca, aunque también se ha observado la participación del área de Wernicke, la ínsula, el lóbulo parietal superior izquierdo y la corteza cerebelosa posterior derecha. Según las investigaciones del psicólogo estadounidense Thomas M. Brinthaupt, el monólogo interior está involucrado en cuatro cometidos principales: autocrítica, autorrefuerzo, autogestión y evaluación social. Estas funciones lo dotan de un carácter de regulación de nuestros estados anímico, cognitivo y biológico. Es decir, el tono en el que se desarrolla el monólogo interior actúa alentando o desmotivando.

Veamos cómo afecta al rendimiento físico. En estudios realizados en deportistas profesionales, se ha observado que el monólogo instructivo, motivacional, mejora la productividad. Los jugadores de baloncesto cuyo monólogo interior es agradable tienen una mayor precisión del tiro y mejor coordinación con los compañeros. En competiciones profesionales, se relaciona con la ansiedad y la excitación psicofisiológica. Similares resultados se han observado en jugadores de otros deportes de equipo. Sin embargo, el monólogo interior es especialmente relevante en deportistas solitarios, como ciclistas, corredores o atletas. La palabra *entrenar* deriva del francés *entraîner*, compuesto por *en*, «hacia dentro», y *traginare*, «arrastrar». Entrenar es arrastrar algo hacia dentro.

Por otra parte, se ha observado que el tono emocional del monólogo interior repercute en la cognición. Para comprenderlo, vamos a profundizar en un estudio publicado en 2023.

La Universidad de Aarhus reunió a un grupo de estudiantes en sus laboratorios para someterlos a una tarea que resultase aburrida, pero en la que debían mantener su atención. Sabían que iban a ser evaluados, así que se comprometieron a esforzarse para mostrar la mejor versión de sí mismos. En mitad del letargo, llegaba una pregunta inesperada que probaba su capacidad de atención. Tanto si acertaban como si erraban, los participantes debían informar del pensamiento espontáneo que había surgido, de su breve monólogo interior. Algunos expresaron una frase alentadora: «sigue así», o «lo puedes hacer mejor». Sin embargo, otros mostraron una cara más amarga: «eres un desastre» o «vaya vergüenza das». Aquellos voluntarios que expresaron un monólogo de motivación tuvieron un mejor rendimiento en el examen, con tiempos de respuesta más cortos, siendo más rápidos en el procesamiento de la tarea en cuestión. Los del monólogo desafiante ejecutaron peor la tarea. Además, se observó un carácter acumulativo: cuanto más se castigaban, peor era su rendimiento e iba empeorando aún más a lo largo del tiempo.

Este es solo un ejemplo básico de lo que el monólogo interior afecta a nuestra cognición. Curiosamente, no somos conscientes de gran parte de él y, por lo tanto, no podemos cuidar su expresión.

Observar el eco que nuestras acciones tienen sobre nuestra propia voz silenciosa es, una vez más, un aliado a nuestro favor. Cada vez que nos equivocamos, ¿qué dice nuestra voz interna?

El monólogo interior actúa como una suerte de traductor que expresa en palabras lo que el cerebro ha procesado. Nos permite escuchar lo que vemos. Quizás por ello se le conoce también como *imagen auditiva*. Es un diálogo donde somos el narrador y el espectador simultáneamente, con la paradoja de que lo que nos decimos es escuchado y, además, tenido en cuenta. Este desdoblamiento de identidad es tan solo una ilusión, pero créanme que facilita el viaje. A veces sentarse en la butaca del espectador y dejar que el espectáculo continúe es la única solución.

Para convertirnos en público de la obra que nosotros mismos representamos debemos tomar distancia. Una de las formas de conseguirlo es orientar la voz interior a lo que se conoce como *monólogo interior a distancia*, donde nos referimos a nosotros mismos utilizando el nombre propio en vez del pronombre de primera persona del singular. Por ejemplo, en mi caso, una expresión interna como «estoy triste y soy un desastre» sería remplazada por «Nazareth está triste y cree que es un desastre». Esto hacía Salvador Dalí: hablaba de él mismo como si fuera otro y se asombraba de su propia genialidad. Estudios de psicología muestran que el monólogo interior a distancia facilita el control cognitivo y la regulación emocional. En un curioso estudio publicado en 2020 se observó que esta estrategia ayuda en la elección de alimentos saludables a personas que deben seguir una dieta.

Aconsejar a otro siempre ha sido más fácil. A diferencia del *monólogo interior inmerso*, en primera persona, la distancia nos ayuda a regular las emociones y a reflexionar sobre situaciones negativas del pasado o de un hipotético futuro. También se ha documentado que el monólogo a distancia favorece la toma de decisiones, siendo más moderadas a corto y medio plazo. Es, además, un recurso en momentos de introspección, y una herramienta muy válida para explorar las actividades de nuestro propio yo. Al final, la perspectiva es una ilusión visual que nos ayuda a determinar la profundidad y situación de los objetos con distancia.

Merecer la ternura

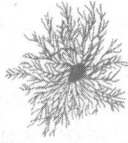

Dar cuenta del diálogo interior pertenece a las nociones básicas de higiene mental. Obviarlo nos somete a él como un velo que nos envuelve. En esa narrativa interna, nos situamos en el papel del que cuenta, un papel protagonista que nos corresponde solo a medias. Pocas veces damos un paso atrás y observamos la temática, y mucho menos el tono afectivo en el que se expresa. Sin embargo, hay mucha información valiosa y una gran oportunidad para afinar nuestra destreza como escultores del propio cerebro.

El diálogo interior comienza a fraguarse en la infancia. Siguiendo la teoría sociocultural de Lev Vygotsky, destacado teórico de la psicología del desarrollo, este aprendizaje evoluciona a través del diálogo con los padres o personas que atienden al niño. Las formas de expresión aprendidas en casa se repiten en los diálogos con amigos imaginarios o muñecos, y consolidan la voz interna. Por lo tanto, la naturaleza de nuestro diálogo interior es reflejo de lo que escuchamos en el hogar o en los centros de educación. Pero hay algo sorprendente que olvidamos: ese diálogo interior aprendido en casa es la voz que nos acompañará de por vida, a no ser que hagamos el esfuerzo de cambiarlo. La escritora Peggy O'Mara lo sintetiza con belleza y contundencia en una frase que todos los padres deberíamos tener presente: «La forma en que les hablemos a nuestros hijos será su voz interior». A la inversa, nos ofrece también una oportunidad de reflexión sobre nuestra historia. La voz interior que hoy nos ocupa es fruto de las voces que escuchamos. Y esto no siempre ha podido hacerse de la mejor forma posible. Observar nuestro diálogo interior es una oportunidad para transformar aquello que hemos heredado y que, posiblemente, podría adoptar una forma más saludable. Que algo no esté mal no es excusa para no mejorarlo.

La presencia de palabras dañinas hacia uno mismo, de tonos exigentes y autoritarios y sobre todo la abundancia de pensamientos despreciativos operan en nuestro cuerpo de la misma forma que un pensamiento cualquiera. Pruebe a imaginar detenidamente que corta un limón y se lo lleva a la boca. Habrá observado la reacción inmediata de su cuerpo. El mismo efecto tiene un pensamiento expresado desde el reproche, un desprecio. No sobre su saliva, sino sobre su cerebro.

El diálogo interior es un lenguaje que solo nosotros escuchamos, que se queda en nuestro cuerpo como una semilla que germina cada día.

Heidegger nos recuerda que todo está inmerso en un sentido. Pone como ejemplo una mesa. No es tan solo una mesa si en ella trabajamos o si ha compartido momentos importantes en familia. Muchas veces no controlamos ese sentido, pero respondemos ante él. El pensamiento nunca es teórico, frío o racional; siempre se encuadra en un contexto que le da sentido, y ahí intervienen la corteza frontal y la red por defecto, estructuras que contribuyen a la creación de una representación interna que nos sitúa en el contexto y que recibe el nombre de modelos de *yo en contexto*. Estos modelos otorgan a los eventos un significado personal que será usado para planificar la conducta tanto psicológica como fisiológica. Un reciente artículo publicado en *Nature* muestra que esta representación supone el puente entre la salud física y la mental. El sentido que le demos a una experiencia afectará a los sistemas neuronales, endocrinos e inmunes.

La percepción es una interpretación, no existe lo objetivo, no existe lo neutro, nos recuerda Heidegger. Existe un narrador que llevamos dentro y cuya narrativa se traduce en la química del cuerpo. A consecuencia de estas investigaciones, muchos especialistas apuestan por intervenciones basadas en la formación de nuevas mentalidades y creencias sobre uno mismo para el tratamiento de la enfermedad física. Y coinciden con Heidegger, que propone abrirse a la experiencia de los tonos emocionales en los que se expresa nuestro pensamiento o lenguaje, como ventanas a un mundo interior que solo la emoción puede abrir. Los tonos afectivos nos permiten ver con otros ojos. Heidegger dedicó horas al estudio del miedo, de la alegría, del aburrimiento y, sobre todo, de la angustia, por considerarlas las enfermedades de nuestra época.

Refinar nuestro diálogo interior, especialmente el monólogo, supone depurar aquellos aspectos nocivos. Entre ellos, la autocrítica dañina. Cuando cometemos un error, o realizamos algún acto que consideramos, o se considera, inapropiado en un determinado contexto, la reflexión hacia nuestra conducta conlleva un valioso aprendizaje. Sin embargo, se torna en crítica dañina cuando lleva asociado un tono de reproche, censura y recriminación que enfatiza los aspectos negativos. Reflexionar es diferente a criticar, y muchas veces el tono marca la diferencia.

Las áreas cerebrales involucradas en la reflexión sobre la conducta son aquellas que procesan la detección de errores, como la corteza prefrontal dorsolateral y la corteza cingulada anterior. Una vez detectado el error, mediante la reflexión y aceptación, interviene la corteza órbito-frontal, asociada a la inhibición de conductas inapropiadas y el reforzamiento de comportamientos adecuados. Por ejemplo, el cerebro de una persona afectada por trastorno narcisista presenta alteraciones en dichas áreas.

Es decir, se aprende a identificar aquellas conductas que conviene censurar para reforzar las más convenientes. De acuerdo con la anatomía de la autocrítica, las conductas censurables serían procesadas como errores y se activaría la inhibición de dicha conducta, lo que es saludable. Este circuito es especialmente importante en la infancia, época donde se establecen los parámetros de adecuación de la conducta. Cuando se realiza una autorreflexión amable, se activan, además, áreas como la ínsula y el polo temporal izquierdo, que favorece el aprendizaje. El resultado que se obtiene es el mismo que durante la meditación en compasión hacia uno mismo y hacia los demás. Sin embargo, la crítica dañina evoca una mayor actividad en la corteza prefrontal dorsolateral. La investigación al respecto detecta que la falta de amabilidad refuerza en exceso los mecanismos cerebrales de detección de errores e inhibición de la conducta. Es decir, que cuanto más duros seamos con nosotros mismos, más valoraremos como erróneas conductas que no lo han sido, provocando un incremento patológico de la culpabilidad.

La excesiva preocupación ante las consecuencias de los actos conlleva una tendencia a inhibir la conducta, lo que se asocia a la inseguridad. La disfunción de esta región cerebral es característica de las neuropatologías de los trastornos del estado de ánimo.

La crítica dañina no es una vía de aprendizaje, sino de censura. La ternura es más importante que la inteligencia.

Estas evidencias, junto con un creciente interés de la comunidad científica por explorar los beneficios de la amabilidad, han derivado en el diseño de protocolos para cultivarla, como el desarrollado en la Universidad de Stanford: el *entrenamiento en el cultivo de la compasión* (CCT, por sus siglas en inglés: ¡me encanta el sustantivo *cultivo*!), que ha permitido establecer que tiene un fuerte y sólido beneficio sobre la salud mental. El cultivo de la amabilidad —o compasión— se asocia a una reducción en los niveles de estrés y de ansiedad, y favorece la prevención de alteraciones. Se ha visto también que mejora las relaciones sociales, acentúa la empatía y es una herramienta adecuada para la mediación en conflictos. La compasión impacta incluso sobre la salud física. Un estudio realizado en Alemania durante nueve años concluyó que su práctica está relacionada con la calidad del sueño, por ejemplo. Sin embargo, hay otro resultado que yo destacaría: las personas que no son amables consigo mismas sospechan de la amabilidad del otro y la sienten como una amenaza. Utilizando una medida de variabilidad de la frecuencia cardiaca (VFC) —variación del intervalo de tiempo entre cada latido—, se ha encontrado que las personas que son amables consigo mismas responden ante la amabilidad con sensaciones calmantes y reconfortantes; sin embargo, aquellos que presentan altos niveles de autocrítica destructiva respondían ante ella como ante una amenaza.

No vemos la amabilidad si no la llevamos dentro. Un mundo cordial se torna hostil si la ternura no ocupa su lugar. Esto explica muchas de las bofetadas que damos y recibimos.

Refinar el pensamiento, desechar aquello que lo hace dañino, trasladarlo a un lenguaje que no hiera a su paso, es parte de la labor de un escultor de cerebros. Pero no podemos refinarlo si no lo conocemos, si antes no lo hemos observado con ecuanimidad y amabilidad, que no significa con indulgencia. El pensamiento articula la intención, maniobra la voluntad, sentencia el carácter afectivo de los hechos y traduce las sensaciones. Desde ese mismo lenguaje, un día podemos exclamar: ¡basta!

Hay un momento mágico en la vida, un instante alquímico que cierra un universo para abrir otro. Es la apuesta por el amor a uno mismo. No hablo de valoración ni de apreciación. El nivel socioeconómico, los estudios, las apariencias, el éxito o las condiciones sociales no entienden el lenguaje sordo del amor. Hablo de respeto, de cariño, de afecto incondicional, de la ternura que me hace sentir merecedora de la vida que me habita. Hablo de aquello que, si me piden que lo defina, no sabría hacerlo, pero que, si no me lo piden, sé de qué se trata, que diría san Agustín. Hablo de aquello que si no me concedo a mí misma, nunca encontraré fuera.

Hay un momento misterioso en el que uno dice ¡basta! Qué diferente es el mundo cuando lo miramos con unos ojos un poco más sanos. Qué liberación siente el cuerpo cuando ha soltado un peso. Es agridulce, sí, porque me separo de algo que realmente he amado: el apego no entiende de daños. Es ese momento en el que uno se asoma a un abismo donde no hay ningún camino asfaltado, pero que, al mirar atrás, solo sabe que quiere huir. Es ese momento de inspiración en el que el aire fresco apuesta por la libertad, y ser libre significa, según Heidegger, defender la esencia, encontrar la calma, la paz, volver a uno mismo.

Qué satisfacción recordar un pasado donde se fue diferente. Qué coraje hay que llevar dentro para dejar de ser quien se fue. Todos deberíamos experimentar ese renacer en el que comenzamos a caminar con amor en la mirada; un amor y un cuidado dirigidos hacia dentro. Qué curioso eso de que cuando no te quieren, dejas de quererte. Es cierto. Y qué desgarrador es el instante en que vuelves a amarte.

Pocas sensaciones se asoman a la de apostar por el cuidado de uno mismo. Qué seductor es ver cómo el cambio transforma a quienes estoy unida. Qué dignidad se siente cuando sabes que cuidarte es un acto de bondad hacia los que vienen detrás, o hacia los que están al lado. A veces el camino se inicia recogiendo los pedazos que alguna guerra ha dejado, pero se recogen con dignidad, con cariño y humildad. Estoy reconstruyéndome y lo hago desde la plenitud. Tampoco sé a dónde me dirijo, pero sigo caminando. Qué milagroso reinventar el pasado. No hay mayor integridad que saberse trabajando para proteger el crecimiento, suceda o no. No hay mayor aliado que la intención, ni meta más honesta que la nobleza. Qué humildad y asombro se experimentan cuando uno se da cuenta de que, al final, agradece la tormenta. No hay nada como un nacimiento elegido por decisión propia. Todos deberíamos saborear su dulzura al menos una vez en la vida.

Hay que renacer para llegar a la esencia.

Dice Heidegger que «recibimos muchos dones y de tipos muy diversos. Pero el don supremo y propiamente duradero en nosotros sigue siendo nuestra esencia, de la que estamos dotados de tal manera que, en virtud de ese don, seamos por primera vez los que somos».

Aquí acaba mi íntima traducción biológica del ensayo urbanístico de Heidegger, y lo hace con un grito: ¡seamos por primera vez los que somos!

VI

EL PUENTE ES UN LUGAR DONDE HABITAN LAS MARIPOSAS

1

Construir, habitar, pensar y esculpir

«Todo hombre nace como muchos hombres y muere como uno solo».

MARTIN HEIDEGGER

Al comenzar este libro he confesado que su intención es explicar la famosa frase de Santiago Ramón y Cajal, «todos podemos ser escultores de nuestro propio cerebro, si nos lo proponemos». Y no mentía. Me he servido de la filosofía de Martin Heidegger y de la neurociencia actual para comprender tan inspirador enunciado, como ahora sintetizaré.

El puente es un lugar, sentencia Heidegger.

El puente es sinónimo de mudanza, de dinamismo, de interacción; es donde ocurre la transformación. Es, en sí, un lugar, y esto también lo sabía Santiago Ramón y Cajal. Es paradójico que la medicina considerase hasta hace pocas décadas que el cerebro era duro o inmutable después de siglos de literatura, filosofía, religión o mitología que nos invitaban a aprender, a superarnos, a transformarnos, al fin y al cabo. No existirían los héroes y las heroínas si no se hubiesen transformado antes. No existirían tampoco si no asumiéramos en nosotros la capacidad de transformación a la que esos héroes y heroínas nos convocan.

Siempre ha estado latente en nosotros evolucionar. Si usted tiene este libro en sus manos es porque, lo sepa o no, supone que su cerebro se puede transformar. Y lo sepa o no, tenía ya la intención de transformarlo. Que lo haya conseguido depende tanto de usted como de mí, y aquí me disculpo si no he podido contribuir, o me felicito si en algo he ayudado. No somos conscientes de cuántas cosas hacemos buscando aprender, crecer o progresar; cuidarnos, al fin y al cabo. Quizás, al hacer evidente nuestra intención de progresar, podemos elegir con algo más de atino aquello que permita un mejor desarrollo. Sin embargo, aun disfrutando del instinto de evolución, solemos abandonarnos a su suerte y dejamos que nos esculpa, más que hacerlo nosotros. Tendemos a olvidar que somos y debemos ser activos y constantes escultores del cerebro. «Lo peor no es cometer un error, sino tratar de justificarlo en vez de aprovecharlo como aviso providencial de nuestra ligereza o ignorancia», decía Cajal. Solo Narciso defiende con su vida su propia imagen. Los demás estamos convocados a aprender, a mejorar, y a acompañarnos a nosotros mismos hasta un mejor puerto.

Se nos llama a ser escultores; en nosotros recae la decisión de acudir a esta llamada. Sin embargo, normalmente solo respondemos a esa advertencia cuando la vida aprieta.

Hace años trabajé en un proyecto de humanización de la medicina en el Hospital Clínico de Madrid. Nuestra intervención se basaba en proporcionar herramientas de amabilidad y compasión a pacientes con tumores cerebrales terminales: durante las intervenciones, medíamos el estado psicológico de los pacientes y la eficacia de los programas del hospital. La colaboración surgió por la necesidad de cubrir un hueco que la literatura científica ya había documentado y que los sanitarios observaban día a día: los pacientes terminales experimentan una búsqueda de la trascendencia o del sentido que queda a la deriva en un sistema que solo se ocupa de su cuerpo. Al leer artículos sobre la materia, era frecuente encontrar entre los pacientes una sensación de frustración por no haber iniciado antes dicha búsqueda.

Algo similar nos sucede a todos: esperamos a que los truenos sean tan rotundos que ya no podemos escapar de la tormenta. Aun así, hay quien escapa. Para ser honesta, yo no sabría decir por qué algunos se ponen el delantal de escultor enseguida y otros huyen. Muchas veces ni siquiera sabemos que la tormenta también es una oportunidad de aprendizaje. No sabría decir por qué no nos hacemos responsables de nuestra escultura. Pero sí he creído necesario escribir para recordarnos a todos que podemos ser escultores de nuestro propio cerebro, si nos lo proponemos.

Mi propuesta es que para ser escultor se requieren tres herramientas: la construcción, el pensamiento y el habitar. Principalmente esta última, porque solo desde ahí se puede construir y pensar para una auténtica transformación. Pero para comenzar el camino de vuelta a casa, antes hay que reconocerse desterrado. La humildad se abraza antes de entrar al taller de escultor; de lo contrario, la puerta no se abrirá.

Cuando Heidegger asiste a la Conferencia de Darmstadt en 1951 para debatir la reconstrucción de Alemania, comienza por considerar qué significa construir. Nosotros hemos empezado estudiando qué factores «externos» han contribuido a nuestra construcción mucho antes incluso de haberla iniciado. Es ese momento en el que el escultor toma en sus manos el barro y siente de qué está hecho, de dónde viene, por dónde ha pasado. Llegamos con mucho camino recorrido.

El proceso de maduración neuronal, donde las células primitivas dan lugar a las neuronas con sus dendritas y axones, ocurre antes del nacimiento. La vida trabaja después sobre los enlaces neuronales y no tanto sobre la neurona. Hemos visto que la herencia transgeneracional puede impactar en nuestra psicología del trauma y en la resiliencia. La ciencia acaba de abrirse a esta perspectiva y queda mucho por estudiar y comprender, pero obviarlo nos cierra caminos. Reconocer la existencia de variables ocultas completa la ecuación. No sabría decir cómo puede descifrar la ciencia el contenido de las memorias que recibimos como legado, pero considero necesario que se abra a un enfoque más integral.

Mucho más cerca en el calendario está la influencia que dejan aquellos con los que compartimos la vida. Antes de que nazcamos, el estado psicológico de nuestros padres opera ya en el desarrollo cerebral y hormonal, pero son las interacciones con el otro lo que contribuye a esculpir nuestro cerebro: no somos los únicos escultores de nuestra escultura. Es necesario que nos reconozcamos como seres dependientes, en constante proceso de absorción. Digo necesario porque, a veces, la euforia o el ímpetu de la intención nos llevan a sobrevalorar nuestra capacidad de control: no todo depende de nosotros, no siempre se puede, aunque se quiera. La humildad también radica en reconocerle al otro el espacio que ocupa en nosotros.

La interacción con los demás esculpe nuestro cerebro y nuestro corazón. Hemos reparado en que la atención es un mecanismo, cual hilo invisible, que une los organismos. Relacionarse supone sincronizar la actividad de varias áreas cerebrales y la dinámica del corazón, proceso durante el cual nuestro cuerpo incorpora al otro aprendiendo de él. Aquí me atrevería a decir que ¡cualquiera puede ser escultor de su propio cerebro, si se lo permitimos!

Pero, sin duda, el principal escultor es uno mismo. La plasticidad es la capacidad del cerebro de reorganizarse y opera constantemente. Sin embargo, la que aquí nos interesa es aquella que está dirigida a un proceso de transformación dotado de un sentido. Iniciar ese camino no es fácil y requiere de coraje, porque sabemos que la plasticidad es lenta, sutil, impredecible, requiere de tanta confianza como firmeza y, sobre todo, confianza.

Recuerdo un viejo cuento que me contó mi tío en un viaje por China, en un tren que nos llevaba a Xian. Hace algunos siglos existió un muchacho que ingresó de pequeño en un monasterio tibetano. Cada día el maestro lo sentaba a una mesa y le solicitaba que diera suaves golpes en ella con la mayor de las delicadezas, minúsculas caricias al ritmo de un reloj. Así un día tras otro, durante horas. Aburrido, el muchacho observaba celoso a sus compañeros jugar en el jardín, maldecía al maestro y comenzaba a desconfiar de las deidades. Pero seguía dando delicados golpes a una mesa de madera. Aprovechando las vacaciones fue a visitar a su familia. Cuando el padre le preguntó por su formación en el monasterio, el muchacho estalló de ira. Llevaba meses dando inútiles golpecitos a una mesa. El padre, sorprendido, le preguntó: ¿cómo?, ¿me lo puedes mostrar? Al acariciar la mesa familiar, esta se descompuso en pedazos.

La plasticidad dirigida a una transformación es un laberinto misterioso en el que es muy fácil perderse, donde cualquier voz que nos hable con firmeza se puede convertir en un faro. Yo creo que parte del proceso radica en discernir qué voces escuchar y cuáles obviar. En los momentos de adversidad, de inseguridad, la capacidad de sincronización del corazón y el cerebro se acentúa y nos impregnamos más del otro: debemos buscar ayuda. Uno de los agravantes de las alteraciones de la salud mental es, precisamente, la falta de un acompañamiento adecuado. El amor y el cariño de nuestra familia y amigos son tesoros que disfrutar cerca, pero no siempre están preparados para tendernos una mano o son profesionales. Reconozco la dificultad de una labor que acompaña sin invadir, que observa con respeto, pero a la vez transforma. Me gustan más los que acompañan que los que guían. «¡Es hermoso ser un "y"!», le escribe Martin Heidegger a Hannah Arendt en una carta de 1950.

Abogo también por solicitar su asistencia no solo en la urgencia. La psicología preventiva es parte de la medicina del estilo de vida y casi una obligación. Así como el ejercicio físico está hoy más presente que nunca, ¿cuándo se normalizarán los gimnasios psicológicos? La práctica regular de la reflexión, la observación, la calma o la contemplación son aliados de la prevención. Y, por supuesto, el cuerpo: no se puede hablar de construcción o plasticidad sin un respeto al instrumento por el que suena la vida. La naturaleza, la dieta, el movimiento, la postura y, cómo no, la respiración son parte indiscutible de esa transformación. La reconstrucción supone esfuerzo, pero merece la pena.

¿Cuál es el fruto de la construcción? Un lugar de libertad a partir del cual se inicia la esencia. «Un claro de ser», dice Heidegger.

Ramón y Cajal fue profesor de universidad durante más de cuarenta años, tarea a la que se dedicaba con exquisita vocación y generosidad. Cuentan que un día, don Santiago estaba impartiendo una lección en la Facultad de Medicina cuando observó un silencio y una atención inusuales entre sus estudiantes. Sorprendido, le preguntó a uno de ellos el motivo de la calma con la que se desarrollaban las clases. Este, algo tímido, le contó que existía una apuesta entre los alumnos: se habían dado cuenta de que Cajal siempre acababa sus frases con un «etcétera», así que contaban el número de veces que repetía ese vocablo y apostaban a pares y nones. Al día siguiente, Cajal impartió su clase sin decir ni una sola vez la palabra. Pero, al acabar, cuando se dirigía a recoger su abrigo, se volvió hacia los estudiantes y les dijo: «Mañana explicaremos el siguiente tema. ¡Ah!, se me olvidaba: etcétera, etcétera, etcétera. Hoy ganan los nones».

La observación del propio lenguaje es, en sí, escurridiza, y más si en él operan los automatismos. Cuanto más automático sea, mayor es su capacidad de pasar desapercibido. Lo automático aparta lo consciente, y eso dificulta el proceso de observación y refinamiento. La voz interior es como ese locutor de radio que retransmite lo que ve, como un periodista que elige qué es noticia y qué pasa desapercibido, que la convierte en suceso morboso o en información.

Hemos visto como el pensamiento es una montaña en cuyo valle descansan las voces espontáneas, aquellas que rememoran un pasado desordenado, visualizan un futuro borroso y narran la interpretación de una realidad siempre subjetiva. En el valle se desploma la conciencia, se precipita en él casi la mitad del tiempo que estamos despiertos. Ya ladera arriba, operan los mecanismos que establecen las prioridades, y, cual escalador cauteloso, debemos movernos con atención para no descender de nuevo al valle, aunque sabedores de que lo haremos innumerables veces. Solo desde la cima se observa el pensamiento consciente, aquel del que damos cuenta y, por lo tanto, podemos cambiar. Pensar diferente, hablarnos de distinta manera, es poder mirar y mirarnos con otros ojos. Pensar es elegir el pensamiento, apostar por lo que merece ser pensado y, al hacerlo, «agradecer ese don que se nos ha dado», dice Heidegger. El pensamiento es como el torno del alfarero, que gira permitiendo que se dé forma al barro; pero lo que realmente lo moldea son las manos del artesano: la voluntad, la presencia, aquello que nos permite habitar.

Hay situaciones que rebasan el entendimiento. Más bien creo que el ser humano rebasa el entendimiento: es imposible catalogar un museo desordenado. En el instante en el que uno cree haber encontrado un orden que explica su estructura, se da cuenta de que es mucho más complejo. Muchas veces, a lo largo de mi vida, y en especial en los últimos dos años, me he sentido atrapada en un callejón sin salida del que mi raciocinio tampoco me liberaba. Solo me salvó rendirme y dejar de intentar comprender lo que me estaba sucediendo para entregarme a la experiencia, respirándola.

Por supuesto, sin el análisis, la reflexión y el pensamiento no aprenderíamos ni superaríamos los baches, pero insisto en que hay momentos donde no sirven absolutamente para nada. ¿Cómo se acalla el odio?, ¿cómo se comprende el duelo?, ¿cómo se digiere la culpa?, ¿cómo avanzas sabiendo que va a doler y hacer daño? No hay teorema, ecuación o estadística que sea capaz de silenciar el dolor. Solo la respiración.

Esos momentos donde el dolor aprieta demasiado fuerte generan en nosotros una comprensible reacción de huida; nos servimos de todos nuestros recursos para inhibir una sensación que parece ahogarnos. Cada vez tenemos más medios a los que agarrarnos. Pero el dolor, como el agua, siempre encuentra la forma de volver a su cauce. Intentar suprimir un pensamiento, o una emoción, simplemente los refuerza. Parece que concederles su espacio aparta la miseria que provocan. Pero una cosa es la tristeza y otra el sufrimiento. Por muy dura que sea una situación, lo que nos pudre es su miseria, no su existencia. La miseria aparece al rumiar, al obsesionarse, al analizar cada minúsculo detalle, al exigir justicia, y en el victimismo.

Todo se desvanecía con la respiración, con una mirada cálida y ecuánime hacia esa miseria. Al permitirle existir, se disipaba. Las emociones son como chimeneas: si las enciendes, la madera arde y se esfuma, tiene que hacer su función. El propio Heidegger nos invitó a abrirnos al mundo que nos ofrecen los afectos, pues negar la emoción amplifica los receptores del dolor en el cerebro. Hay que permitirle ser, pero con fuego que no queme, un arder en el que nos convertimos en observadores del fuego y no en llama.

La única forma que he encontrado de permitir el fuego sin quemarme en la hoguera es respirando la emoción. Solo así se habita, no sé hacerlo de otra forma.

«Solo en el habitar reside el ser», dice fenomenológicamente Heidegger, y es ahí donde nos encontramos con la propia esencia. Durante meses, diariamente, me he preguntado cómo se aprendía a habitar. De su ensayo urbanístico, lo central es el habitar, sin duda. Es estar presente, estar ahí, ser consciente, ocupando el espacio y el momento presente. Cuando esto sucede, se desvanece la red por defecto del cerebro y se atenúa la actividad hipocampal para silenciar las voces del pasado, se desactiva el precúneo para olvidar la propia biografía, merman las cortezas parietales para acallar el diálogo interior y se reduce la hemodinámica de los lóbulos temporales para menguar la planificación. Todas estas áreas nutren a la amígdala, que, al ver su riego cortado, se recoge, y con ella la furia de la emoción. Así, al respirar, al dar cuenta de la respiración, se activa la parte anterior de la corteza cingulada y, simplemente, damos cuenta del momento presente.

Esta es la neuroanatomía del *Dasein*. La alfombra neuroanatómica del habitar. La biosofía de la respiración.

Construimos cuando protegemos el crecimiento.

Habitamos cuando nos cuidamos y somos nosotros mismos.

Pensamos cuando lo hacemos con agradecimiento.

Construir, habitar, pensar.

Así se esculpe el cerebro.

2

De Heidegger a Ramón y Cajal

Martin Heidegger ha sido una excusa fortuita para llegar a Cajal. Pero todavía no he hablado de él. Me permito presentarles a uno de los seres humanos más fascinantes que esta tierra ha albergado: don Santiago Ramón y Cajal. Don Santiago nació en una pequeña aldea de tan solo noventa y ocho casas y poco más de ochocientos habitantes llamada Petilla de Aragón, a las nueve de la noche del 1 de mayo de 1852. Era el primero de los tres hijos de Justo Ramón y Antonia Cajal. Así que, en realidad, Santiago se llama Santiago Ramón Cajal. La y llega en reconocimiento a su madre. O, ¿quién sabe?, para devaluar al padre. (Lo de la selección de los apellidos suele esconder algún trauma, lo aseguro). Su infancia y adolescencia transcurren en varios de los pueblos del Alto Aragón, debido al carácter itinerante del trabajo paterno, un ayudante de médico de bajo rango. La austeridad y la pobreza estaban presentes en su casa. Era un niño travieso, rebelde y pésimo estudiante. Un Tom Sawyer, como le definiría el historiador de la medicina Pedro Laín Entralgo. En sus *Recuerdos de mi vida*, Santiago se recuerda «vestido humildemente, de cara trigueña y aspecto amojamado, que a la legua denunciaba larga permanencia al sol y al aire». Así era, se escapaba de la escuela para perderse en los bosques, para confundirse entre las plantas y para dejar volar su indomable imaginación.

Pero si hay algo de su niñez que marcó la historia de la ciencia es su talento para el dibujo. Su incontrolable talento, ya que se sabe que pintaba no solo en papel, sino en las fachadas o tapias, con la correspondiente reprimenda de los frailes, de los que recuerda algún que otro tortazo. Pintaba principalmente animales y escenas fantásticas, y, si le faltaba el color, lo obtenía de la pintura de las paredes o remojando láminas coloreadas. Su pasión por el dibujo era tal que descuidaba sus estudios, y soñaba con convertirlo en su profesión.

Del empeño de su padre en que dejara el dibujo, surge una de las anécdotas más representativas del carácter de Cajal. Frustrado por la desbocada pasión de su hijo, decidió que la humillación era la única forma de hacerle olvidar una ocupación que él consideraba inútil. Aprovechando la visita de un artesano que pintaba las paredes de la iglesia del pueblo en el que vivían entonces, Ayerbe, acordó con él que cuando su hijo le preguntase por la calidad de sus dibujos, debía desanimarlo. Y así lo hizo, le dijo que no tenía madera de artista. Y se sintió aún más motivado. Su secretaria Enriqueta recordaba años más tarde la confesión de don Santiago: «La pintura creaba mis hábitos de soledad. Descontento con el mundo que me rodeaba, refugieme dentro de mí».

Decía que su talento para el dibujo marcó la historia de la medicina porque, ya de investigador, recurría a él para representar las neuronas o estructuras cerebrales. Y sus dibujos son auténticas obras de arte. Usando tinta china negra sobre papel, dibujó las partes que componen una neurona, la red de fibras que las unen y los contactos neuronales. Además, con flechas indicaba el curso de la actividad eléctrica, explicando así la función cerebral de diferentes regiones. En aquella época no existía la digitalización de las imágenes observadas por el microscopio, así que sus representaciones a mano del tejido neuronal fueron las primeras pruebas gráficas de la neuroanatomía.

Recomiendo encarecidamente visitar el Museo Ramón y Cajal, que contiene su valiosa obra. Pero… ¡no existe tal museo! Decía el propio Cajal que «al carro de la cultura española le falta la rueda de la ciencia».

Así que ese era su padre, un obstinado en que su hijo fuera médico, como él, que había trabajado en la barbería de Sarriá y compaginado el oficio con sus estudios de Medicina para, en 1849, conseguir el título de cirujano de segunda clase y posteriormente el de médico. Pero cuando su insistencia lo volvió irrespetuoso, Santiago cedió y se trasladó a Zaragoza para estudiar la carrera de Medicina. Allí se licenció en 1873 y, seis años más tarde, se casó con Silveria Fañanás García, ante la oposición, nuevamente, de su padre. La boda se ofició pronto, casi de madrugada, y solo asistió su hermano Pedro, fiel compañero de estudios y lamentos. De Silveria llegó a decir: «Era mi compañera, con su modestia, su amor al esposo y a sus hijos, y su espíritu de heroica economía, hizo posible la obstinada y obscura labor de quien escribe».

Al finalizar sus estudios, Ramón y Cajal trabajó como médico militar y, al poco, comenzó su labor investigadora, antes de recibir el título de doctor en Medicina en 1877 con una tesis titulada *Patogenia de la inflamación*. Ese mismo año ingresó en la logia masónica de los Caballeros de la Noche bajo el nombre de «Averroes». Sin abandonar la investigación, la siguió compaginando con su trabajo como profesor privado y como auxiliar para poder incrementar su bajo salario universitario, hasta que en 1885 obtuvo la cátedra de Anatomía Descriptiva de la Facultad de Medicina de Valencia.

Él mismo reconoce que su vida de estudiante estuvo marcada por tres grandes manías: la literatura, la gimnasia y la filosofía. Y, como en tantos otros genios, su curiosidad no conocía las fronteras de la especialización. Investigó no solo la arquitectura neuronal, también contribuyó a la oncología y al estudio de la propagación y erradicación de pandemias. Precisamente su colaboración en el diseño de protocolos para paliar la de cólera que azotaba la España mediterránea en aquella época le valió el reconocimiento de la ciudad. En agradecimiento, el Ayuntamiento de Valencia le regaló un microscopio Zeiss. «No cabía en mí de satisfacción y alegría», declara en sus memorias.

En 1888 se trasladó a la Universidad de Barcelona para ocupar la cátedra de Histología, y el año siguiente fue su año de gloria.

Con sus ahorros, viajó a Berlín para asistir al Congreso de la Sociedad Anatómica Alemana. Hasta fue cargado con sus láminas sobre el cerebro embrionario que mostraban la estructura de las neuronas. Según sus observaciones, estas no eran una amalgama de células apretadas unas contra otras, como proponía la teoría reticular de Golgi vigente en ese momento. Sus dibujos mostraban que las neuronas estaban separadas, pero unidas por conexiones neuronales. El prestigioso anatomista Rudolf Albert von Kölliker se le acercó y, atónito, contempló el nacimiento de una nueva teoría: la teoría neuronal. Ese día cambiaron la vida de Cajal y la historia de la medicina: Von Kölliker lo acompañó hasta el estrellato, lo paseó por los centros más prestigiosos y contribuyó a su merecido prestigio. Había nacido la neurociencia.

En 1892 se trasladó a la Universidad Central de Madrid, hoy llamada Universidad Complutense, como catedrático de Histología e Histoquímica de Anatomía Patológica. En 1901 se creó el Laboratorio de Investigaciones Biológicas, que hoy recibe el nombre de Instituto Cajal, donde trabajó hasta su jubilación en 1922. En 1904 publicó la obra que da lugar a la neurociencia tal y como la conocemos: *Textura del sistema nervioso del hombre y los vertebrados*. En 1906, compartido con Golgi, ganó el Premio Nobel de Medicina. Murió el 17 de octubre de 1934 a las once menos cuarto de la noche, acompañado por familiares y su discípulo predilecto, Jorge Tello.

Santiago Ramón y Cajal era científico humanista y humano. Se lo propuso y esculpió su cerebro. No es el descubridor de las neuronas, como hemos visto ya. Sus experimentos muestran que son células independientes, separadas por distancias minúsculas que se miden en nanómetros. Esta fue su gran contribución, que dio lugar a una nueva concepción del cerebro. Su detallado examen de la neuroanatomía permitió identificar y nombrar partes desconocidas hasta el momento. Gracias a las observaciones microscópicas, Cajal descubrió diferentes tipos de neuronas, entre ellas las neuronas piramidales, que deben su nombre a la forma triangular de su soma. Fue, precisamente, el descubrimiento de este tipo de célula lo que lo llevó a llamarlas *mariposas del alma*: «Las neuronas son células de formas delicadas y elegantes, las misteriosas mariposas del alma, cuyo batir de alas quién sabe si algún día esclarecerá los secretos de la vida mental», recitaba.

Las neuronas, mariposas del alma. Mejor dicho, no son mariposas, llegan a convertirse en ellas. El desarrollo de una neurona se compone de varias fases. Inicialmente, nace como una semilla o célula nerviosa primitiva. De aspecto no muy bien definido, normalmente circular, granular, retorcida sobre sí misma y con pequeños cilios a su alrededor. Cajal no las hubiera definido como elegantes, aunque sí delicadas. Son como las orugas, esas larvas con pseudopatas, abdomen en segmentos y antenas azarosas. Ambas, las semillas neuronales y las orugas, intentan sobrevivir en un medio que las engulle. Gran parte de ellas serán devoradas. Las que sobreviven comenzarán a desplegar su contorno.

Las paredes de la semilla neuronal se ensanchan recubriendo a la neurona de una capa que se agrieta y deforma. Las orugas, a su vez, comienzan a recubrirse de un ovillo, la crisálida, que protege su metamorfosis. Al poco tiempo, la oruga se deshace del ovillo y despliega las alas convertida ya en mariposa. La neurona, sin embargo, no se deshace de su capa, sino que la transforma en sus propias alas: las dendritas y los axones. Se ha convertido, entonces, en mariposa.

«Lo importante no es la neurona en sí, sino sus conexiones», recordaba con énfasis Cajal.

Como hemos visto en el breve repaso a su biografía, Ramón y Cajal comenzó estudiando el cerebro en formación de los embriones de animales para poder distinguir con mayor claridad visual las partes que componen una neurona y el tejido cerebral. Así se pudo corroborar que las neuronas estaban compuestas por un cuerpo central, llamado soma, y unas ramas y raíces llamadas dendritas y axones, respectivamente. Por las dendritas se recibe información y por los axones se emite. Pero lo fundamental es que Cajal estableció una distancia suficiente entre neuronas para ser consideradas como independientes. Sin embargo, como él mismo acentuaba, la neurona en sí no tiene capacidad de procesar información. Lo que dota al cerebro de tan digna propiedad es el enlace entre los axones y las dendritas, que permite la comunicación entre ellas.

Las neuronas se unen por puentes que se conocen como sinapsis, y no es un descubrimiento de Cajal, sino de Charles Sherrington. La palabra *sinapsis* deriva del griego *sýnapsis*, «unión o enlace». Pero el origen del término es la unión de *sin*, «juntos», y *hapteina*, «con firmeza». Las neuronas se juntan con firmeza. Como hemos visto, una neurona comienza a serlo cuando ha desplegado sus dendritas y axones; antes era tan solo una semilla que puede que nunca alcance a madurar. El puente que une los axones y dendritas es el lugar por donde transita la información química y física que, imprescindiblemente, acompaña a nuestra conducta.

Sin neuronas no hay puente, pero, sin puente, no vuelan las mariposas.

3

El puente donde
habitan las mariposas

Dentro de la famosa frase de don Santiago Ramón y Cajal, «todo hombre puede ser escultor de su propio cerebro, si se lo propone», la parte más interesante a mi entender es la última: «si se lo propone». Nada de lo que aquí he relatado tiene sentido si detrás no hay una intención de esculpir el cerebro. La intención requiere de un objetivo, más o menos abstracto, pero necesita de una meta a la que llegar.

En psicología se distinguen dos tipos de intenciones: las que se realizan a través de los hábitos y las que están dirigidas de forma consciente. El comportamiento automático, o hábito, involucra regiones cerebrales como el cuerpo estriado dorsolateral, las cortezas sensoriomotoras y las conexiones entre la corteza prefrontal y las áreas límbicas. Sin embargo, la conducta dirigida voluntariamente a un objetivo supone una red mucho más compleja. Uno de los modelos psicobiológicos que encuentro más interesante es el llamado H4W, por sus siglas en ingles de *What, Why, Where, When y How*: ¿qué necesito, por qué, dónde, cuándo y cómo? Según este modelo, una intención que escape a los hábitos es tratada neuronalmente respondiendo a estas cinco preguntas. Aunque originalmente fue desarrollado como una hipótesis para roedores, se considera válido para el cerebro humano.

La intención conlleva la percepción de la situación, altas dosis de emoción, cognición y acción, que se integran conjuntamente. El circuito neuronal parece activarse a través de la necesidad experimentada por los impulsos corporales. Sería ese aviso del cuerpo de que algo comienza a incomodar, y que nos recuerda la importancia de la consciencia corporal para que escuchemos sus susurros sin esperar al grito. Esas sensaciones tienen su asiento en el hipotálamo, la primera estructura del sistema cerebral de la intención. Después surge, muy vinculada al cuerpo, la emoción.

Según la intensidad afectiva, la intención tendrá un mayor o menor ímpetu, lo que depende de la actividad de la amígdala. Ahora comprendemos mejor por qué las lágrimas, y no las sonrisas, nos invitan a la transformación. El esfuerzo que requiere un acto intencionado es más fácil de comprender cuando se quiere huir del dolor que cuando se quiere llegar a la alegría.

Una vez conocida la situación se evalúa el contexto y nuestra situación en él. Esto es tarea del hipocampo. No siempre estamos preparados o es el momento de emprender un costoso viaje. Lo curioso es que no es una decisión consciente o racional: en la mayoría, simplemente, no surge la intención porque el cuerpo lo ha considerado inviable. Es una medida de protección y prudencia. También intervienen factores culturales, creencias aprendidas o heredadas que pueden llegar a ser limitantes, y nuestra propia biografía.

Expresada la intención, la corteza prefrontal guiará la conducta en un proceso adaptativo donde el reto reside en mantener activa la tenacidad, el recuerdo de por qué se está realizando esa tarea. Ante ello, los ganglios basales evaluarán la recompensa. El reto es aún más difícil cuando la meta se sitúa a medio o largo plazo. Es aquí donde interviene el corazón, que dota de subjetividad y coraje a las intenciones para que se conviertan en decisiones. Los grandes viajes no se lideran desde la cabeza.

¿Por qué proponerse esculpir el cerebro? La verdad es que, después de conocer las bases de la plasticidad cerebral, quedan pocas ganas de emprender un camino que sabemos costoso, agradecido, pero costoso; nadie dijo que fuera fácil. Quizás los que nos ponemos frente a un micrófono debiéramos ser más prudentes a la hora de inspirar. Yo no siempre lo hago: los escenarios traicionan. Crecer no es sencillo ni divertido. Pero se nos convoca a hacerlo.

Este año he tomado algunas de las decisiones más difíciles de mi vida personal. He sentido la intención de emprender un duro viaje. Aunque estaba segura, el primer paso lo di temblando. Dicen que ser valiente no es no tener miedo, sino caminar junto a él. Puede ser. A lo largo de la tormenta, he intentado comprender de qué estaba yo construida y cuál ha sido el pensamiento que me ha llevado hasta aquí; un camino, al fin y al cabo, para reconstruir la escultura de mi cerebro, sabiendo que no es volver al mismo lugar de antes, sino a mí misma. Conocía mis fortalezas, pero nunca había visto como ahora mis debilidades, y mucho menos las había abrazado.

Todos llevamos heridas, más grandes o más pequeñas; todos cobijamos traumas en nuestra memoria y en nuestro cuerpo; podríamos ser y estar mejor, aunque no estemos aparentemente mal. Y todos tenemos la responsabilidad de buscar una mejor versión de nosotros. ¡Responsabilidad! No somos conscientes de la responsabilidad que entraña habitar la vida. Cada acto es una muestra de la responsabilidad con el planeta, con los demás y, por supuesto, y la más importante, con nosotros mismos. La responsabilidad de cuidarse, de ofrecernos y ofrecer la mejor escultura posible. Hay aspectos fabulosos en las crisis, y uno de ellos son los encuentros con seres humanos que se abren a ti para mostrar su humanidad y tenderte una mano. Algunos han pasado por situaciones similares y generosamente te ofrecen su aprendizaje, otros están a resguardo y te acogen en sus casas, y otros, sencillamente, te dan su compasión, su profesionalidad y su cariño. Pero en todos ellos encontré un denominador común: perseguimos estar bien, cuidarnos. Todos.

Sorge es un concepto de la filosofía de Heidegger que voy a exponer brevemente utilizando de nuevo *El lenguaje de Heidegger*. Se define en alemán como cuidado, preocupación, inquietud o solicitud. El verbo *sorgen* es «cuidar» y «tener cuidado». Toma prestada de san Agustín la advertencia de que dirigimos los cuidados a lo mundano o exterior y no a nosotros y adquiere especial importancia, ya que Heidegger lo define como una de las características fundamentales del *Dasein*, de la presencia, del estar ahí. *Sorge* define al *Dasein* mismo. El cuidado es el ser del hombre y por tanto la intención es una señal de cuidado. *Sorge*, entendido como el cuidado a uno mismo, involucra la corteza prefrontal dorsolateral, la ínsula y la corteza occipital, todas ellas áreas cerebrales señaladas hoy como el asiento de la conciencia.

En todos reside, como seres, esa inquietud por el cuidado dirigido a uno mismo. Cuidar es prestar atención, proteger, amar respetando la esencia, valorar sin atributos y refinar las formas. Y se nos suele olvidar. ¡Se nos olvidan tantas cosas! Así que cuando nos proponemos ser escultores de nuestro propio cerebro lo hacemos con la intención de cuidarnos.

Ramón y Cajal dice que el hombre puede ser escultor de su propio cerebro, no que el cerebro esculpa al hombre. Según la neurociencia tradicional, la de Antonio Damasio, por ejemplo, el cerebro es quien organiza las funciones que ejecuta. Sin embargo, varios científicos actuales sugieren un cambio radical: el cerebro no organiza la función, sino que la función organiza al cerebro. ¿Hay función más noble que la de cuidarse?

Dice don Santiago: «Si hay algo en nosotros verdaderamente divino es la voluntad. Por ella afirmamos la personalidad, templamos el carácter, desafiamos la adversidad, corregimos el cerebro y nos superamos diariamente».
Cuidarse pertenece al ser humano, si se lo propone.

En casa, Madrid, invierno de 2025

Referencias

Obras de Martin Heidegger:

Fenomenología y filosofía trascendental de los valores, traducción de François Jaran y Stefano Cazzanelli, Herder, Madrid, 2023.

Construir Habitar Pensar, edición bilingüe de Arturo Leyte y Jesús Adrián, La Oficina, Madrid, 2015.

Carta sobre el Humanismo, traducción de Helena Cortés y Arturo Leyte, Alianza, Madrid, 2013.

Camino de campo, traducción de Carlota Rubies, Herder, Madrid, 2005.

¿Qué significa pensar?, traducción de Raúl Gabás, Trotta, Madrid, 2005.

— y Hannah Arendt, *Correspondencia 1925-1975*, traducción de Adan Kovacsics, Herder, Madrid, 2014.

Sobre Martin Heidegger:

ADRIÁN ESCUDERO, Jesús, *El lenguaje de Heidegger. Diccionario filosófico 1912-1927*, Herder, Madrid, 2015.

CAVALLÉ, Mónica, *La sabiduría de la no-dualidad. Una reflexión comparada entre Nisargadatta y Heidegger*, Kairós, Barcelona, 2008.

SAFRANSKI, Rüdiger, *Un maestro de Alemania. Martin Heidegger y su tiempo*, traducción de Raúl Gabás, Austral, Barcelona, 2015.

— *Heidegger y el comenzar*, traducción de Joaquín Chemollo y Blanca Sotos, Círculo de Bellas Artes, Madrid, 2006.

Referencias científicas:[*]

Parte II: Construir

DANIELI, Yael (ed.), *International handbook of multigenerational legacies of trauma*, Plenum Press, Nueva York, 1998.

PÉPIN, Charles, *Encontrarse, una filosofía*, traducción de Mercedes Corral, Siruela, Madrid, 2023

«Grandfathers-to-Grandsons. Transgenerational Transmission of Exercise Positive Effects on Cognitive Performance», *Journal of Neuroscience*, 2024.

«It takes a village: A multi-brain approach to studying multigenerational family communication», *Developmental Cognitive Neuroscience*, 2024.

«Transgenerational epigenetic inheritance: a critical perspective», *Frontiers in Epigenetics and Epigenomics*, 2024.

«How nature nurtures: Amygdala activity decreases as the result of a one-hour walk in nature», *Molecular Psychiatry*, 2022.

«Longitudinal MRI-visible perivascular space (PVS) changes with long-duration spaceflight», *Scientific Reports*, 2022.

«Molecular insights into the transgenerational inheritance of stress memory», *Journal of Genetics and Genomics*, 2022.

«The Role of Epigenetics in Psychological Resilience», *Lancet Psychiatry*, 2021.

«The Quantitative Comparison Between the Neuronal Network and the Cosmic Web», *Frontiers in Physics*, 2020.

«Advances in epigenetics link genetics to the environment and disease», *Nature*, 2019.

---

[*] No se incluye la autoría de los artículos, pues los considero fruto de un trabajo colaborativo en el que las individualidades no son relevantes. Y se han ordenado cronológicamente de más a menos recientes.

«Emotions amplify speaker-listener neural alignment», *Human Brain Mapping*, 2019.

«Human Heart Rhythms Synchronize While Co-sleeping», *Frontiers in Physiology*, 2019.

«A critical view on transgenerational epigenetic inheritance in humans», *Nature Communications*, 2018.

«Early Adversity and Child and Adolescent Mental Health», *Psychopathology*, 2018.

«Extending the developmental origins of disease model: impact of preconception stress exposure on offspring neurodevelopment», *Developmental Psychobiology*, 2018.

«Intergenerational pathways linking maternal early life adversity to offspring birthweight», *Social Science and Medicine*, 2018.

«The Neurobiology of Human Attachments», *Trends in Cognitive Sciences*, 2017.

«White Matter Plasticity in the Adult Brain», *Neuron*, 2017.

«Synchrony in Psychotherapy: A Review and an Integrative Framework for the Therapeutic Alliance», *Frontiers in Psychology*, 2016.

«Epigenetic and transgenerational reprogramming of brain development», *Nature Review Neuroscience*, 2015.

«Empathy and compassion», *Current Biology*, 2014.

«Social Neuroscience and Hyperscanning Techniques: Past, Present and Future», *Neuroscience Biobehavioral Review*, 2014.

«On the Same Wavelength: Face-to-Face Communication Increases Interpersonal Neural Synchronization», *The Journal of Neuroscience*, 2013.

«Epigenetic transgenerational inheritance of altered stress responses», *Proceedings of the National Academy of Sciences (PNAS)*, 2012.

«Alteration and reorganization of functional networks: a new perspective in brain injury study», *Frontiers in Human Neuroscience*, 2011.

«Prenatal stress, glucocorticoids and the programming of adult disease», *Frontiers in Behavioral Neuroscience*, 2011.

«Principles of recovery from traumatic brain injury: reorganization of functional networks», *Neurimage*, 2011.

«Reorganization of functional connectivity as a correlate of cognitive recovery in acquired brain injury», *Brain*, 2010.

«Surviving the Holocaust: A meta-analysis of the long-term sequelae of a genocide», *Psychology Bulletin*, 2010.

«The Eyes Have It: Hippocampal Activity Predicts Expression of Memory in Eye Movements», *Neuron*, 2009.

«The relevance of epigenetics to PTSD: Implications for the DSM-V», *Journal of Traumatic Stress*, 2009.

«Is there intergenerational transmission of trauma? The case of combat veteran's children», *American Journal of Orthopsychiatry*, 2008.

«Introduction to epigenetics», *Nature*, 2007.

«Joint action: bodies and minds moving together», *TRENDS in Cognitive Sciences*, 2006.

«Empathy for Pain Involves the Affective but not Sensory Components of Pain», *Science*, 2004.

«Hyperscanning: simultaneous fMRI during linked social interactions», *Neuroimage*, 2002.

«Inter-brain plasticity as a biological mechanism of change in psychotherapy: A review and integrative model», *Frontiers in Human Neuroscience*, 2002.

«Brain plasticity and behavior», *Annual Review of Psychology*, 1998.

«Extrasensory electroencephalographic induction between identical twins, *Science*, 1965.

Parte III: Habitar

BUZSÁKI, György, *Rhythms of the Brain*, Oxford University Press, Oxford (Reino Unido), 2006.

VARELA, Francisco, *El fenómeno de la vida*, Dolmen, Madrid, 2002.

— *Conocer: las ciencias cognitivas*, Gedisa, Barcelona, 1991.

— *et al.*, *De cuerpo presente*, Gedisa, Barcelona, 2009.

«En torno a la fenomenología de Heidegger», *Revista de Filosofía*, 41 (124-125), pp. 117-128, 2024.

«Spontaneous Breathing Apnea at the End of the Exhalation: Associations with Salience Network Activity and Psychological Factors», *Biological Psychiatry*, 2024.

«Negative emotion can be "more negative" for those with high metacognitive abilities when problem-solving», *Frontiers in Psychology*, 2023.

«Respiratory rhythms of the predictive mind», *Psychological Review*, 2023.

«Amygdala-driven apnea and the chemoreceptive origin of anxiety», *Biological Psychology*, 2022.

«Introspection confidence predicts EEG decoding of self-generated thoughts and meta-awareness», *Human Brain Mapping*, 2022.

«The effect of mindfulness on the inflammatory, psychological and biomechanical domains of adult patients with low back pain: A randomized controlled clinical trial», *PLOS One*, 2022.

«Respiration modulates oscillatory neural network activity at rest», *PLOS Biology*, 2021.

«Does mindfulness change the mind? A novel psychonectome perspective based on Network Analysis», *PLOS One*, 2019.

«Human non-olfactory cognition phase-locked with inhalation», *Nature Human Behavior*, 2019.

«The rhythm of memory: how breathing shapes memory function», *Journal of Neurophysiology*, 2019.

«Breathing above the brain stem: volitional control and attentional modulation in humans», *Journal of Neurophysiology*, 2018.

«Interoception and Mental Health: A Roadmap. Biological Psychiatry», *Cognitive Neuroscience and Neuroimaging*, 2018.

«The trans-species concept of self and the subcortical-cortical midline system», *Trends in Cognitive Science*, 2018.

«Breathing control center neurons that promote arousal in mice», *Science*, 2017.

«Metacognitive ability correlates with hippocampal and prefrontal microstructure», *Neuroimage*, 2017.

«Respiratory alkalosis may impair the production of vitamin D and lead to significant morbidity, including the fibromyalgia syndrome», *Medical Hypotheses*, 2017.

«Breathing as a Fundamental Rhythm of Brain Function», *Frontiers in Neural Circuits*, 2016.

«Interoceptive dimensions across cardiac and respiratory axes», *Philosophical Transactions of the Royal Society of London*, Serie B, Biología, 2016.

«Mind-wandering as spontaneous thought: a dynamic framework», *Nature Review Neuroscience*, 2016.

«Nasal Respiration Entrains Human Limbic Oscillations and Modulates Cognitive Function», *Journal of the Society for Neuroscience*, 2016.

«Self-referential processing in our brain – a meta-analysis of imaging studies on the self», *Neuroimage*, 2016.

«Interoceptive predictions in the brain», *Nature Reviews Neuroscience*, 2015.

«The brain's default mode network», *Annual Review Neuroscience*, 2015.

«The wandering brain: meta-analysis of functional neuroimaging studies of mind-wandering and related spontaneous thought processes», *Neuroimage*, 2015.

«Respiration phase-locks to fast stimulus presentations: implications for the interpretation of posterior midline "deactivations"», *Human Brain Mapping*, 2014.

«Whisker barrel cortex delta oscillations and gamma power in the awake mouse are linked to respiration», *Nature Communications*, 2014.

«Mindfulness-induced selflessness: a MEG neurophenomenological study», *Frontiers in Human Neuroscience*, 2013.

«Pain modulation induced by respiration: phase and frequency effects», *Neuroscience*, 2013.

«Effects of meditation experience on functional connectivity of distributed brain networks», *Frontiers in Human Neuroscience*, 2012.

«Mind over matter: Reappraising Arousal Improves Cardiovascular and Cognitive Responses to Stress. Journal of Experimental», *Psychology General*, 2012.

«Mindfulness-induced changes in gamma band activity – implications for the default mode network, self-reference and attention», *Clinical Neurophysiol*, 2012.

«Undirected thought: neural determinants and correlates», *Brain Research*, 2012.

«Associations and dissociations between default and self-reference networks in the human brain», *Neuroimage*, 2011.

«How is our self-related to midline regions and the default-mode network?», *Neuroimage*, 2011.

«Transient suppression of broadband gamma power in the default-mode network is correlated with task complexity and subject performance», *Journal of Neuroscience*, 2011.

«The human pre-Bötzinger complex identified», *Brain*, 2011.

«Meditation experience is associated with differences in default mode network activity and connectivity», *PNAS*, 2011.

«The restless brain», *Brain Connect*, 2011.

«A scale to measure nonattachment: a Buddhist complement to Western research on attachment and adaptive functioning», *Journal of Personality Assessment*, 2010.

«A wandering mind is an unhappy mind», *Science*, 2010.

«Relating introspective accuracy to individual differences in brain structure», *Science*, 2010.

«Causal role of prefrontal cortex in the threshold for access to consciousness», *Brain*, 2009.

«Differential parametric modulation of self-relatedness and emotions in different brain regions», *Human Brain Mapping*, 2009.

«Experience sampling during fMRI reveals default network and executive system contributions to mind wandering», *PNAS*, 2009.

«How do you feel – now? The anterior insula and human awareness», *Nature Review Neuroscience*, 2009.

«The brain's default network», *Annals of the New York Academy of Sciences*, 2008.

«An insular view of anxiety», *Biological Psychiatry*, 2006.

«Experimenting with phenomenology», *Consciousness and Cognition*, 2006.

«The human brain is intrinsically organized into dynamic, anticorrelated functional networks», *PNAS*, 2005.

«Neural basis of spontaneous thought processes», *Cortex*, 2004.

«Effects of left amygdala lesions on respiration, skin conductance, heart rate, anxiety, and activity of the right amygdala during anticipation of negative stimulus», *Behavior Modification*, 2003.

«The effect of contemplative practice on intrapersonal, interpersonal, and transpersonal dimensions of the self-concept», *International Journal of Transpersonal Studies*, 2001.

«Expiratory time determined by individual anxiety levels in humans», *Journal of Applied Physiology*, 1999.

«Changes in self-concept, ego defense mechanisms, and religiosity following seven-day Vipassana meditation retreats», *Journal for the Scientific Study of Religion*, 1997.

Parte V: Pensar

PESSOA, Luiz, *The Cognitive-Emotional Brain: From Interactions to Integration*, The MIT Press, Cambridge (Massachussets), 2013.

GILBERT, Paul, *The Compassionate Mind. A New Approach to the Challenges of Life*, Constable & Robinson, Londres, 2009.

— *Psychotherapy and Counselling for Depression*, Sage, Londres, 2007 (tercera edición).

VV. AA., «Frequency, content, and functions of self-reported inner speech in young adults: a synthesis», en *Inner Speech, Culture & Education*, P. Fossa (ed.), Springer, Luxemburgo, 2022.

VV. AA., «The self-reflective functions of inner speech: Thirteen years later», en *Inner Speech: New Voices*, P. Langland-Hassan y Agustín Vicente (eds.), Oxford University Press, 2018.

VYGOTSKY, L. S., *Thinking and Speech*, en *Collected Works of L. S. Vygotsky*, vol. 1, Robert W. Reiber y Aaron S. Carton (eds), Springer, Nueva York, 1987.

— *Mind in Society: The Development of Higher Mental Processes*, Harvard University Press, Cambridge (Massachussets), 1978.

«'Stay focused!': the role of inner speech in maintaining attention during a boring task», *Journal of Experimental Psychology: Human Perception*, 2023.

«Inner speech as a cognitive tool – or what is the point of talking to oneself?», *Philosophical Psychology*, 2022.

«Self-reported inner speech illuminates the frequency and content of self-as-subject and self-as-object experiences», *Psychology of Consciousness: Theory, Research, and Practice*, 2022.

«Negative news dominates fast and slow brain responses and social judgments even after source credibility evaluation», *Neuroimage*, 2021.

«When you are talking to yourself, is anybody listening? The relationship between inner speech, self-awareness, wellbeing, and multiple aspects of self-regulation», *International Journal of Personality Psychology*, 2021.

«Distanced self-talk changes how people conceptualize the self», *Journal of Experimental Social Psychology*, 2020.

«Glucose metabolism responds to perceived sugar intake more than actual sugar intake», *Scientific Report*, 2020.

«Social Media Use and Adolescent Mental Health: Findings from the UK Millennium Cohort Study», *E-Clinical Medicine*, 2018.

«Mind-wandering as spontaneous thought: a dynamic framework», *Nature Review Neuroscience*, 2016.

«Barómetro de junio 2015», Centro de Investigaciones Sociológicas (CIS).

«A framework for understanding the relationship between externally and internally directed cognition», *Neuropsychologia*, 2014.

«Just think: The challenges of the disengaged mind», *Science*, 2014.

«The default network and self-generated thought: component

processes, dynamic control, and clinical relevance», *Anales de la Academia de Ciencias de Nueva York*, 2014.

«Tuning to the significant: neural and genetic processes underlying affective enhancement of visual perception and memory», *Behavioral Brain Research*, 2014.

«Distinguishing how from why the mind wanders: a process-occurrence framework for self- generated mental activity», *Psychological Bulletin*, 2013.

«Multi-task connectivity reveals flexible hubs for adaptive task control», *Nature Neuroscience*, 2013.

«Neurophysiological investigation of spontaneous correlated and anticorrelated fluctuations of the BOLD signal», *Journal of Neuroscience*, 2013.

«Affect-biased attention as emotion regulation», *Trends in Cognitive Science*, 2012.

«American Time Use Survey», U. S. Bureau of Labor Statistics, 2012.

«Lateralization in intrinsic functional connectivity of the temporoparietal junction with salience- and attention-related brain networks», *Journal of Neurophysiology*, 2012.

«Meta-analytic evidence for a superordinate cognitive control network subserving diverse executive functions», *Cognitive, Affective, and Behavioral Neuroscience*, 2012.

«Undirected thought: neural determinants and correlates», *Brain Research*, 2012.

«Functional network organization of the human brain», *Neuron*, 2011.

«Two distinct neuronal networks mediate the awareness of environment and of self», *Journal of Cognitive Neuroscience*, 2011.

«Default network activity, coupled with the frontoparietal control network, supports goal-directed cognition», *Neuroimage*, 2010.

«Functional-anatomic fractionation of the brain's default network», *Neuron*, 2010.

«Having a word with yourself: Neural correlates of self-criticism and self-reassurance», *Neuroimage*, 2010.

«The brain's default network: anatomy, function, and relevance to disease», Anales de la Academia de Ciencias de Nueva York, 2008.

«Evidence for a frontoparietal control system revealed by intrinsic functional connectivity», *Journal of Neurophysiology*, 2008.

«Functional coactivation map of the human brain», *Cerebral Cortex*, 2008.

«The reorienting system of the human brain: from environment to theory of mind», *Neuron*, 2008.

«Dissociable intrinsic connectivity networks for salience processing and executive control», *Journal of Neuroscience*, 2007.

«Distinct brain networks for adaptive and stable task control in humans», *PNAS*, 2007.

«Self-projection and the brain», *Trends in Cognitive Science*, 2007.

«Remembering the past to imagine the future: the prospective brain», *Nature Review Neuroscience*, 2007.

«A core system for the implementation of task sets», *Neuron*, 2006.

«The restless mind», *Psychological Bulletin*, 2006.

«The human brain is intrinsically organized into dynamic, anticorrelated functional networks», *PNAS*, 2005.

«Alien voices and inner dialogue: towards a developmental account of auditory verbal hallucinations», *New Ideas in Psychology*, 2004.

«A default mode of brain function. Proceedings of the National Academy of Sciences», *PNAS*, 2001.

«An integrative theory of prefrontal cortex function», *Annual Review of Neuroscience*, 2001.

«The prefrontal cortex and cognitive control», *Nature Review Neuroscience*, 2000.

«Ironic processes of mental control», *Psychological Review*, 1994.

«Common blood flow changes across visual tasks: II. Decreases cerebral cortex», *Journal of Cognitive Neuroscience*, 1997.

«Voicing the self: from information processing to dialogical interchange», *Psychological Bulletin*, 1996.

«Uniqueness of abrupt visual onset in capturing attention attention», *Perception and Psychophysics*, 1988.

«Paradoxical effects of thoughts suppression», *Journal of Personality and Social Psychology*, 1987

Parte VI:
El puente es un lugar donde habitan las mariposas

«The Neurocognitive Bases of Human Volition», *Annual Review of Psychology*, 2019

«The Meaning of Behavior: Discriminating Reflex and Volition in the Brain», *Neuron Review*, 2019.

«Beyond single-level accounts: the role of cognitive architectures in cognitive scientific explanation», *Topics in Cognitive Science*, 2015.

«Big behavioral data: psychology, ethology and the foundations of neuroscience», *Nature Neuroscience*, 2014.

«The Why, What, Where, When and How of goal-directed choice: neuronal and computational principles», *Philosophical Transactions of the Royal Society*, 2014.

«The psychology of volition», *Experimenta Brain Research*, 2013.

«Distinct roles for direct and indirect pathway striatal neurons in reinforcement», *Nature Neuroscience*, 2012.